图文中华美学

茶经

Cha Jing

【唐】陆羽◎著
施袁喜◎译注

人民东方出版传媒
People's Oriental Publishing & Media
東方出版社
The Oriental Press

图书在版编目（CIP）数据

茶经 /（唐）陆羽 著；施袁喜 译注 . —北京：东方出版社，2023.12
ISBN 978-7-5207-3182-9

Ⅰ . ①茶… Ⅱ . ①陆… ②施… Ⅲ . ①《茶经》Ⅳ . ① TS971.21

中国国家版本馆 CIP 数据核字 (2023) 第 105195 号

茶经

（CHA JING）

作　　者：（唐）陆　羽
译　　注：施袁喜
责任编辑：王夕月　柳明慧
出　　版：东方出版社
发　　行：人民东方出版传媒有限公司
地　　址：北京市东城区朝阳门内大街 166 号
邮　　编：100010
印　　刷：天津旭丰源印刷有限公司
版　　次：2023 年 12 月第 1 版
印　　次：2023 年 12 月第 1 次印刷
开　　本：650 毫米 × 920 毫米　1/16
印　　张：18
字　　数：200 千字
书　　号：ISBN 978-7-5207-3182-9
定　　价：88.00 元
发行电话：（010）85924663　85924644　85924641

总序

中国文化是一个大故事，是中国历史上的大故事，是人类文化史上的大故事。

谁要是从宏观上讲这个大故事，他会讲解中国文化的源远流长，讲解它的古老性和长度；他会讲解中国文化的不断再生性和高度创造性，讲解它的高度和深度；他更会讲解中国文化的多元性和包容性，讲解它的宽度和丰富性。

讲解中国文化大故事的方式，多种多样，有中国文化通史，也有分门别类的中国文化史。这一类的书很多，想必大家都看到过。

现在呈现给读者的这一大套书，叫作“图文中国文化系列丛书”。这套书的最大特点，是有文有图，图文并茂；既精心用优美的文字讲中国文化，又慧眼用精美图像、图画直观中国文化。两者相得益彰，相映生辉。静心阅览这套书，既是读书，又是欣赏绘画。欣赏来自海内外二百余家图书馆、博物馆和艺术馆的图像和图画。

“图文中国文化系列丛书”广泛涵盖了历史上中国文化的各个方面，共有十六个系列：图文古人生活、图文中华美学、图文古人游记、图文中华史学、图文古代名人、图文诸子百家、图文中国哲学、图文传统智慧、图文国学启蒙、图文古代兵书、图文中华医道、图文中华养生、图文古典小说、图文古典诗赋、图文笔记小品、图文评书传奇，全景式地展示中国文化之意境，中国文化之真境，中国文化之善境，中国文化之美境。

这是一套中国文化的大书，又是一套人人可以轻松阅读的经典。

期待爱好中国文化的读者，能从这套“图文中国文化系列丛书”中获得丰富的知识、深层的智慧和审美的愉悦。

王中江

2023年7月10日

前言

陆羽的《茶经》，是“经史子集”之“经”吗？

显然不是。

那么，一部《茶经》，以何恃之，何以为“经”？

作为有史以来世界上的第一部茶书，《茶经》三卷十篇，七千余字，以“源”“具”“造”“器”“煮”“饮”“事”“出”“略”“图”篇，详述茶的起源、制茶工具、茶的采制、饮茶器具、煮茶流程、茶的饮用、历代茶事、茶叶产地、茶具使用、张挂茶图，偏重茶叶采制品饮，兼及华夏远古至唐代茶史、茶人、茶事，是中国历史上第一部系统说茶的综合性著作。

陆羽（约733—约804），字鸿渐，又名疾，字季疵，号竟陵子、东岗子，又号茶山御史，自称桑苎翁，世称陆处士、陆文学、陆三山人、东园先生等，因撰写《茶经》影响后世，被誉为“茶仙”，尊为“茶圣”，祀为“茶神”。

陆羽当然不只是茶学家，他还是唐代重要的诗人（诗作入选《全唐诗》）、表演艺术家（戏班优伶）、编剧、人民的导演（伶正之师）、编辑、学者（在文学、史学、茶学、地理和方志诸领域成就斐然）、旅行家、秘书（幕僚）、隐士……一专多能，恃才傲物（相传皇帝征召他为太子文学、太常寺太祝，皆不就职）。

唐诗“兴寄”，他是否寄托了什么在《茶经》里呢？

在注家看来，陆子《茶经》字数不多，却高度洗练，既“敷陈其事”，又能“体物浏亮”（陆机《文赋》），是有唐一代真正读得懂、用得上的茶叶全书，内容聚焦，专题行之，及时有效，甫一问世即在当时高效地传播了茶业的科技文化知识，促进了茶叶的生产和销售，开创了中国茶学之先河；延至宋代，洋洋大观，茶趣风雅；明清时期，《茶经》被多次刊刻印行，多种版刻广为流传，陈鉴《虎丘茶经注补》、陆廷灿《续茶经》更是直接采用《茶经》“一之源”“二之具”等篇目体例增补内容。

陆羽把饮茶看作“精行俭德”之人进行自我修养和陶冶情操的精神操练，是最早的“茶禅一味”，对日本茶道具有根源性的影响，是中国文化对世界文明的一大贡献；《茶经》记载流传的全套“陆氏茶器”与完整的采茶、煮茶、饮茶程序，依旧指导着现代茶业发展、茶道文化和饮茶生活。

《茶经》记录的茶疗法以茶入药，在中西医学领域皆产生世界性的重大影响。中医发现茶的独特功效：提神、消食、祛风解表、安神、醒酒、健齿、明目、去油腻、延年益寿、清热解毒等；西医借助精密分析仪器，运用生物化学、现代医学等理论对茶叶化学成分进行分析，发现茶叶中含有茶氨酸、茶多酚等500多种化学成分，具有抗辐射、抗癌、抗突变、抗氧化、防高血压、防心脑血管疾病、降血糖等作用。

楚辞《渔父》曾言："圣人不凝滞于物，而能与世推移。"不为俗世束缚，能随世道一起变化。百读《茶经》不厌，历千年不衰，其世界影响，早已超越了时代、地域、族群、国家。

以上所谈，都是一些古典。本版《茶经》，还是当代医书《中医排病论》作者、医家吴云粒推介，于"经典"立意，最相宜——

有史以来解读最通透的《茶经》述评本，以寻常笔触和浩瀚学识译注解读经典，厘清很多年很多人争论不休的问题，还《茶经》本源。更兼百余彩图及图注，诚为爱茶人书架必备。

施袁喜

癸卯年春作于滇云茶旅中

陆羽像

选自《十竹斋书画谱》明彩印本 （明）胡正言/辑

陆羽（约733—约804），唐复州竟陵人，字鸿渐，又名疾，字季疵，号竟陵子、东岗子，自称桑苎翁。他历时近30年，凝聚半生心血创作了世界第一部与茶有关的著作——《茶经》，并将道家天人合一、儒家中庸、阴阳五行等文化汇聚于一碗茶汤之中。唐朝以后，随着人们对茶的认识越来越深刻，对陆羽也越来越推崇，于是陆羽被后人誉为『茶仙』，尊为『茶圣』，祀为『茶神』。

目录

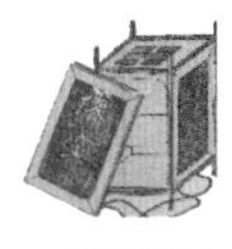
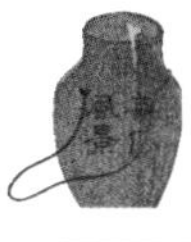

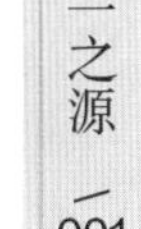

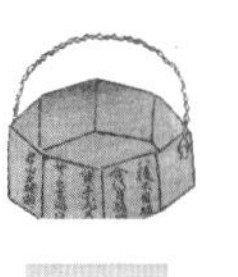

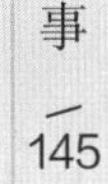
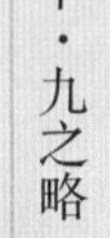

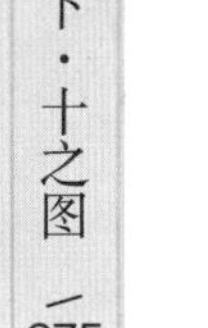

卷上·一之源

茶者，南方之嘉木[①]也。一尺、二尺乃至数十尺[②]。其巴山峡川[③]有两人合抱者，伐而掇之[④]。其树如瓜芦[⑤]，叶如栀子[⑥]，花如白蔷薇[⑦]，实如栟榈[⑧]，蒂如丁香，根如胡桃（瓜芦木，出广州[⑨]，似茶，至苦涩。栟榈，蒲葵之属，其子似茶。胡桃与茶，根皆下孕，兆至瓦砾[⑩]，苗木上抽）。

【注释】

① 嘉木：嘉，同“佳”。优良的树木。

② 尺：这里指大尺。唐代长度计量单位，分为大尺、小尺。大尺长约 29.71 厘米。一小尺二寸为一大尺。

③ 巴山峡川：广义的大巴山，绵延于甘肃、四川、重庆、陕西、湖北五省市边境山地的总称；峡，巫峡山、巫山及周边群峰；川，即长江。峡川即长江三峡段，从重庆奉节白帝城开始至湖北宜昌南津关结束，包括瞿塘峡、巫峡和西陵峡。具体位置为今四川东部、重庆和湖北西部地区。

④ 伐而掇（duō）之：砍下枝条并拾拣采摘。

⑤ 瓜芦：皋芦，又名高芦、皋卢，当地人称为“苦丁”，一种叶如茶叶但味苦的树叶，广泛分布于今云南、四川等地，是清热解毒的中药之一，具有清热、除烦、止渴、明目、消胀、止泻或除心脾不适之功效。“苦丁茶”是清热解毒的药，不是茶。

⑥ 栀子：传统中药之一，别名黄栀子、山栀、白蟾，是茜草

科栀子属灌木。植物栀子的果实也称作“栀子”，属药食两用资源，具有清热、除烦、泻火、凉血等功效。

⑦ 白蔷薇：花瓣单或重瓣，白色或粉红色，有香味直立；灌木植物，花排列成伞房状，萼筒光滑，萼片卵状披针形，有羽状裂片，外被腺毛。有观赏价值，可提取香精。

⑧ 栟（bīng）榈：棕榈树。

⑨ 广州：唐乾元元年（758）以南海县（今广东佛山）为治所，唐代称广东为广州。

⑩ 根皆下孕，兆至瓦砾：瓦砾，喻指坚硬的土地。兆，原指古人占卜的龟甲因烧灼而龟裂，意为裂开。植物根系往土壤深处生长发育，茶树生长时根将土地撑裂。

【译文】

茶树，是我国南方地区的一种优良树木。高一尺、二尺，甚至几十尺。茶树通常在巴山峡川一带生长，需要两个人才能合抱起来，只有砍下枝条才能采摘到茶叶。茶树长得类似瓜芦，树叶像栀子叶，花像白蔷薇花，果实像棕榈树籽，花蒂像丁香结，树根像胡桃树的根。（原注：瓜芦木产于广东，外形像茶，但味道苦涩。栟榈属蒲葵类植物，种子像茶籽。胡桃和茶树的根系都在地下生长发育，只有遇到硬土层逆向发展撑裂土层，树苗才能向上生长。）

《蜀山栈道图》（局部）

（五代梁）关仝　收藏于中国台北故宫博物院

立轴，纸本设色，140.4厘米×66.6厘米。陡峭的崖壁，嵯峨的山岭以及山崖上险峻的栈道，将『蜀道难』巴山川峡的景致一览无余。木桥上有一文士搴衣回首，身后跟着两位随从，与山峰上的树木相映生辉，从而可以推测出《茶经》中茶树『有两人合抱者』之壮硕。

其字，或从草，或从木，或草木并。（从草，当作“茶”，其字出《开元文字音义》[①]。从木，当作“𣗪”，其字出《本草》[②]。草木并，作“荼”[③]，其字出《尔雅》[④]）

【注释】

① 《开元文字音义》：共三十卷，唐玄宗开元二十三年（735）编辑的字书，现已散佚。

② 《本草》：也称《唐本草》，共五十四卷，唐高宗显庆四年（659）苏敬等二十三人受命编撰的《新修本草》，被认为是世界上最早的药典，现已散佚。

③ 荼：最早记载于《尔雅·释木》：“槚，苦荼。”“荼”，“茶”的古字。

④ 《尔雅》：成书于秦汉，儒家经典之一，相传为周公所撰，是中国第一部汉语词典，传世《释诂》《释言》《释训》《释木》等十九篇。

【译文】

“茶”字的结构，有的从“草”部（原注：写作“茶”，这个字出自《开元文字音义》），有的从“木”部（原注：写作“𣗪”，这个字出自《唐本草》），有的并从“草”“木”部（原注：写作“茶”，这个字出自《尔雅》）。

其名，一曰茶；二曰槚①；三曰蔎②；四曰茗③；五曰荈④。（周公⑤云：“槚，苦茶。”扬执戟⑥云：“蜀西南人谓茶曰蔎。”郭弘农⑦云：“早取为茶，晚取为茗，或曰荈耳。”）

《茶具十咏图》

（明）文徵明　收藏于北京故宫博物院

纸本，墨笔，纵136.1厘米×横26.8厘米。65岁字画书法《茶具十咏图》。文徵明自题『茶具十咏』五言律诗十首，分别为茶坞、茶人、茶笋、茶籝、茶舍、茶灶、茶焙、茶鼎、茶瓯、煮茶。

【注释】

① 槚（jiǎ）：这里作为茶树的别称，本指楸树，因其形似。

② 蔎（shè）：这里是茶的别称，在中国西南诸多少数民族地区民族古语中传承使用至今。本为香草名，南朝梁顾野王所著《玉篇》："蔎，香草也。"

③ 茗：宋代徐铉校订《说文解字》时补入："茗，荼芽也。"茶的别称。

④ 荈（chuǎn）：三国时期"荼荈"，常联用，茶的别称。

⑤ 周公：周文王姬昌第四子、周武王姬发的弟弟，姓姬，名旦，因以周地（今陕西岐山北部）为采邑，爵为上公，故称周公。周公被尊为"元圣"，曾两次辅佐周武王东伐纣王，并制作礼乐，周公也是西周初期杰出的政治家、军事家、思想家、教育家，商末周初的儒学奠基人。

⑥ 扬执戟：扬雄（前53—18），字子云，西汉蜀郡人，文学家、语言学家、哲学家，著有《方言》《太玄》《法言》等书，曾官拜给事黄门侍郎，王莽改制时校书天禄阁。

⑦ 郭弘农：郭璞（276—324），字景纯，河东郡闻喜（今属山西）人，两晋著名文学家、训诂学家、风水学者、游仙诗祖师，死后被追赠为弘农太守，注释过《方言》《尔雅》等字书。

【译文】

茶的名称，一称“茶”；二称“槚”；三称“蔎”；四称“茗”；五称“荈”。（原注：周公说：“槚，就是苦荼。”扬雄说：“四川西南部的人称茶为蔎。”郭璞说：“较早采制的称为荼，较晚采制的称为茗，也有称为荈的。”）

其地，上者生烂石，中者生砾壤，下者生黄土。凡艺而不实[①]，植而罕茂。法如种瓜，三岁可采。野者上，园者次。阳崖阴林[②]，紫者上，绿者次；笋者上，芽者次；叶卷上，叶舒次[③]。阴山坡谷者，不堪采掇，性凝滞，结瘕疾[④]。

【注释】

① 艺而不实：艺，指茶苗种植、移栽技术；实，结实。种植或移栽时没有将土地踩实。

② 阳崖阴林：山坡向阳，有树林遮阴。

③ 叶卷上，叶舒次：叶芽初展卷曲的为上品，叶片舒展平直的次之。

④ 性凝滞，结瘕（jiǎ）疾：瘕，腹中肿块，此处指难消食导致的腹胀。凝滞，凝结不散。

【译文】

茶树生长的土壤，以岩石风化成碎石的土壤为上等，有碎石子的砾质土壤次等，黄色黏土最差。如果茶苗种植或移栽技术不扎实，栽下去也很少有长得茂盛的。栽茶就像栽瓜，三年后可以采摘。在山野里自然生长的茶树，茶的品质第一等好；在园圃栽种的次之。在向阳的山坡上有树荫遮蔽的茶树，叶芽呈紫色的是上品，绿色的次之。叶芽像竹笋的茶品质最好，叶芽细弱的次之；叶芽初展卷曲的茶品质第一等好，叶片舒展平直的次之。生长在山谷中或背阴山坡的茶树，茶叶不能采摘，这种茶叶茶性凝结不散，喝了会使人腹胀生病。

《采茶图》清代外销画（局部）

（清）佚名　收藏于法国国家图书馆

图中描绘的是清代茶农山间种茶、采茶劳作的欢快场景。

茶之为用，味至寒，为饮，最宜精行俭德[①]之人。若热渴、凝闷、脑疼、目涩、四肢烦、百节不舒[②]，聊[③]四五啜，与醍醐、甘露[④]抗衡也。

【注释】

① 精行俭德：精行，指行为合乎规矩，得体；俭德，德行简约，节俭，对自身要求很高。品行端正、德行简朴。

② 百节不舒：在中国古代典籍中，衣食住行与身体健康关系甚大，《吕氏春秋·开春》有言："饮食居处，则九窍百节千脉皆通利矣。"人体各个关节都不通泰，不舒服。

③ 聊：仅仅，略微。

④ 醍醐（tí hú）、甘露：二者皆为古代人心目中难得一见的至妙饮品。醍醐，酥酪上凝聚的油，味甘美；甘露，即露水，被尊为"天之津液"。

【译文】

茶最适合品行端正、德行简朴的人饮用，因为其性寒凉。如果发烧、口渴、胸闷、头痛、眼涩、四肢无力、关节不适，只要喝上四五口茶，如同喝了醍醐、甘露一样。

采不时，造不精，杂以卉莽[①]，饮之成疾。茶为累[②]也，亦犹人参。上者生上党[③]，中者生百济、新罗[④]，下者生高丽[⑤]。有生泽州、易州、幽州、檀州[⑥]者，为药无效，况非此者！设服荠苨[⑦]，使六疾不瘳[⑧]。知人参为累，则茶累尽矣。

【注释】

① 卉莽：野草，指杂草败叶。

② 累：指副作用，损害、妨害。

③ 上党：唐代郡名，治所在今长治市长子、潞城一带山西南部地区。

④ 百济、新罗：百济在朝鲜半岛西南部汉江流域，新罗在朝鲜半岛东南部，唐代位于朝鲜半岛上的两个小国。

⑤ 高丽：位于今朝鲜半岛北部，唐代周边小国之一。

⑥ 泽州、易州、幽州、檀州：治所分别在今山西晋城、河北易县、北京及周边、北京市密云一带，皆为唐代州名。

《卢仝烹茶图》（局部）

⑦ 荠苨（qí nǐ）：地参，根味甜，可入药，一种根茎形似人参的药草。

⑧ 六疾不瘳（chōu）：六疾，指人遇阴、阳、风、雨、晦、明所患的各类疾病，也指寒疾、热疾、末疾（四肢病）、腹疾、惑疾、心疾六种疾病。瘳，痊愈。多种疾病无法痊愈。

【译文】

如果茶叶的采摘不合时宜，工艺制作不精细，在制作的时候掺入了野草败叶，这样的茶饮用了就会生病。茶和人参一样，也会对人体产生损害。上等人参产于上党，中等人参产于百济、新罗，下等人参产于高丽。产于泽州、易州、幽州、檀州的人参做药是没有疗效的，何况连它们都不如的呢！假如误把荠苨当人参服用，疾病无法痊愈。明白了人参对于人体的副作用，也就知道了茶对人体的副作用。

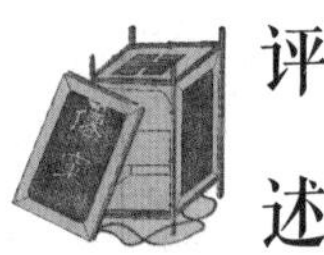

评述

作为世界上第一部关于茶的专著，《茶经》开篇所定的调性，是一部实用的茶学指南。“源”，本作“原”，指的是水的来处，水的源头。水有源，树有根，从根源上溯，《茶经》从源头写起，一笔带过，并不纠结于文史考证与学术争议。

《茶经》第一篇写茶之源，不脱中国古代典籍，尤其是经典作品谋篇布局之套路。茶之本源，南方嘉木。“茶者，南方之嘉木也。”南方有嘉木，茶树是嘉木。这种树木，品种优良，“其巴山峡川有两人合抱者”，这是最早记载中国野生古茶树资源的资料。目前较为权威和倾向性的意见认为，野生茶树最早出现在中国西南澜沧江下游，四川、湖北等地也是可能的。无论如何，两个人才能合抱的茶树，又大又古老，在长江流域山野大川中生长。

该怎么描述这种树呢？只能打比方：树如瓜芦，叶如栀子，花如白蔷薇，实如栟榈，蒂如丁香，根如胡桃。

接着，讲茶这种植物的来源，从字形结构、别称开始到茶树的生长环境，讲到了重点：烂石、砾壤、黄土，茶的生长土壤有别，品质自然不同；“凡艺而不实，植而罕茂。法如种瓜，三岁可采。”种植和移栽技术非常重要；野者、紫者、笋者、叶卷为第一等品类，园者、绿者、芽者、叶舒为第二等品类；阳崖阴林出好茶，阴山坡谷不堪采……普及茶知识，教人如何辨茶、品茶，知道什么是好的，什么是不好的。如何种茶，作者以“法如种瓜”一笔带过，因为他所在的唐代，群众流行“种瓜”，熟悉北魏贾思勰《齐民要术·种瓜第十四》记载的整地、挖坑、施肥、播种诸流程，不必赘言。

无论作为众树之一品种（“南方嘉木”），还是众饮之一妙品（“吃茶去”），或者仅字本身的象形会意（“人在草木间”“草人骑木马”），茶者都是难得诗意，值得根究的。

茶的效用，是这一篇的又一个重点，也就是说，清楚为什么要种，种它有什么用。《神农本草经》有“神农尝百草，日遇七十二毒，得茶而解之”的记载，陆羽以“醍醐、甘露”比喻茶，说它“味至寒”，适合“精行俭德之人”饮用，所谓“君子好茶”。其实不一定，谁不喜欢好东西呢，尤其是这种好东西还可以治病。当然，是药三分毒，茶疗同理，那些不按时令采摘、制作粗糙、不加选择的茶，简直就是毒药，不吃还好，吃了反而生病。

关于怎样选择好茶，陆羽建议参考人参选优法，首选产地。水土不同，药性不一，古今同理。

综上所述，第一篇主要写茶的源头：茶树（形态、植物性状、生长环境、栽培方法）、“茶”字（名称、构造）以及饮茶对人体健康的利弊。“陆子”不愧是“陆子”。从“卷上·一之源”可以看出，陆羽使用各种方法——综述之，直陈之，说明之，提示之，启发之，实在不行，修辞之，《诗经》、楚辞、汉赋句式贯穿之，只为后世留下一部有实用价值的工具书。

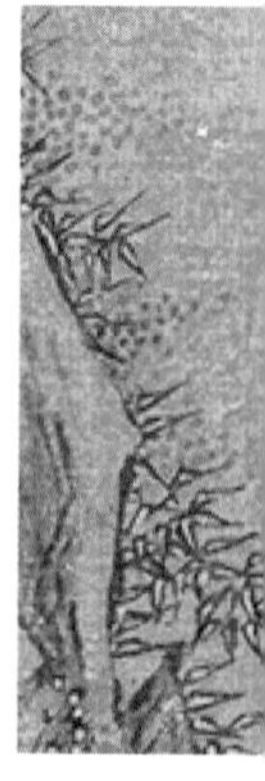

《斗茶图》

（南宋）刘松年　收藏于中国台北故宫博物院

立轴，绢本设色，纵57厘米×横60.3厘米。《斗茶图》中，茶贩边有三人举茶闲谈，像是偶遇的路人在斗茶品茗，气氛盎然。图中有三人都随身携带雨伞，并且茶碗在手，左边的人正提着茶壶倒茶，左下角似店家的人，一边扭头回望三人，一边给风炉扇风煮水，生动地描绘了民间斗茶的有趣场景。画面中茶担有许多层，设计非常精巧，其中置有茶罐、汤壶、茶炉、茶盏、蒲扇等器物。点茶在宋代非常流行，但此图无论是风炉上的提梁汤壶，还是人物手里所执的侧提汤壶，其壶流的特点都是短而弯，和汤瓶流的长而直有很大的差异。茶盏为白色，且直接提壶倒水，显然是泡茶，非为点茶。图中的斗茶显然是在品评茶叶，而非单纯地斗茶。后世流行的泡茶，早在南宋已显端倪。

卷上·二之具

籝[①]，一曰篮，一曰笼，一曰筥[②]。以竹织之，受五升，或一斗、二斗、三斗者，茶人负以采茶也。（籝，《汉书》音盈，所谓“黄金满籝，不如一经[③]”。颜师古[④]云：“籝，竹器也，受四升耳。”）

【注释】

① 籝（yíng）：竹制的篮子、笼子、筐子等盛物器具。

② 筥（jǔ）：圆形的盛物器具，竹制品。

③ 黄金满籝，不如一经：语出《汉书·韦贤传》，指读典范著作的重要性。留给儿孙满箱黄金，不如留给他一本经书。

④ 颜师古（581—645）：雍州万年（今陕西西安）人，祖籍琅琊（今山东临沂），经学家、训诂学家、历史学家。名籀，字师古，以字行。颜师古是名儒颜之推之孙、颜思鲁之子，学问通博，擅长文字训诂、声韵、校勘之学，少传家业，遵循祖训，博览群书，是研究《汉书》的专家，谙熟两汉以来的经学史。

【译文】

籝：又名篮、笼、筥，是用竹篾编织而成的，能装五升，有的能装一斗、二斗或三斗，采茶的人背着它，用以装采摘的茶叶。（原注：籝，《汉书》注音“盈”，所谓“黄金满籝，不如一经”。颜师古说：“籝，是竹制器具，能装四升。”）

猴子采茶图

选自《采茶图》清代外销画　（清）佚名　收藏于法国国家图书馆

英国罗伯特．福琼在《两访中国茶乡》中有关于晚清时代武夷山茶乡的考察纪实：『我甚罕听人说——我忘了是听中国人还是别的什么人说的——采茶的时候要请猴子来帮忙，具体是这样做的：这些猴子似乎不喜欢干这活儿，所以并不肯主动采茶，如果看到这些猴子到了种有茶树的岩石上，中国人就朝它们扔石块，猴子们很生气，于是开始折断茶树的树枝，把树枝朝着袭击它们的人扔下来。我不能断定茶叶的采摘需要用到链子或猴子，但我想，即使有这种情况，那么通过这两种途径采来的茶叶数量也一定非常少。绝大部分茶树还是长在山坡上较为平坦的土地上，这些土地在一定程度上已经因为各种腐殖质和高处随流水冲下来的沉积物变得很富饶了。只有很少一部分茶树看起来是种植在山间较为荒凉的土地上，这样的土地在武夷山到处都是。』

灶[①]，无用突[②]者。釜[③]，用唇口[④]者。

【注释】

① 灶：用于生火炊煮食物的设备，春秋金文为“竈”。

② 突：烟囱。唐代常用没有烟囱的茶灶制茶，为的是使火力能够集中于锅底。

③ 釜（fǔ）：相当于今天的锅，古代炊具。

④ 唇口：指锅口外翻呈唇状，敞口。

【译文】

灶，用不带烟囱的。釜，要用锅口外翻呈唇状的。

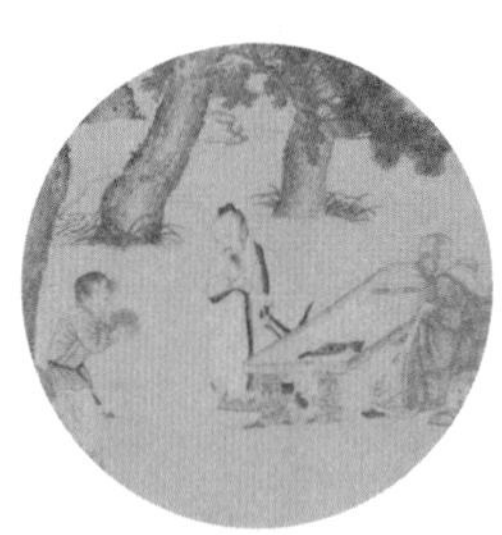

《赵孟頫写经换茶图》

（明）仇英　收藏于美国克利夫兰艺术博物馆

纵21.1厘米×横77.2厘米。描绘的是赵孟頫用书法交换香茗的故事。图中赵孟頫提笔书写，但下笔时还一直回头看香茗是否送到，他对面的高僧眉目舒展，好像被赵孟頫的举动逗笑，画面再现了一段幽默诙谐的故事。

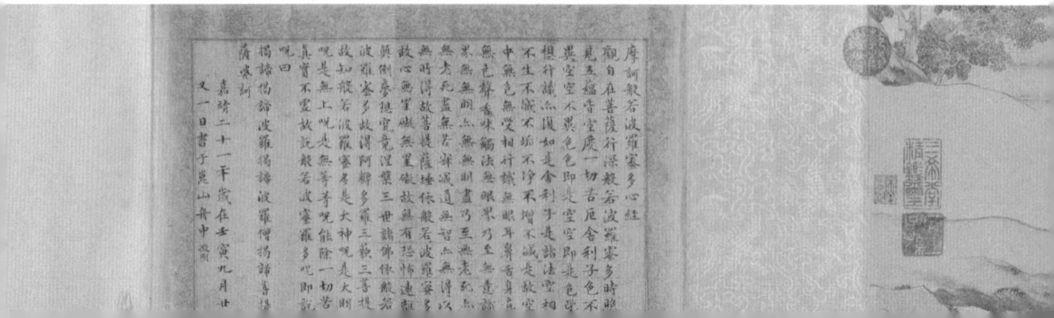

甑[①]，或木或瓦，匪[②]腰而泥。篮以箅[③]之，篾[④]以系之。始其蒸也，入乎箅；既其熟也，出乎箅。釜涸，注于甑中。（甑，不带而泥之。）又以榖木[⑤]枝三桠者制之，散所蒸芽笋并叶，畏流其膏[⑥]。

【注释】

① 甑（zèng）：类似蒸笼，古代蒸炊器具，用以蒸煮食物。

② 匪：同“篚”，一种圆形的盛物竹器。

③ 箅（bì）：蒸笼中的竹屉，用以隔水。

④ 篾（miè）：长条细薄的竹片。

⑤ 榖（gǔ）木：一种木质有韧性的木材。

⑥ 膏：指茶叶的汁液精华。

【译文】

甑，有陶制的，也有木制的，腰部用泥封住。甑内用竹篮隔水，并用竹篾系牢。蒸时，把茶叶放进箅子中；蒸熟后，从箅子中取出。锅里的水快蒸干的时候，加水即可。（原注：甑，不要用带子缠绕，应该用泥巴封住。）还要用三个榖木枝丫做成叉子，抖散蒸熟的茶叶，以免茶汁流失。

南宋泼饰茶碗

高 4.4 厘米，直径 14.9 厘米。

杵臼[①]，一曰碓[②]，惟恒用者佳。

【注释】

① 杵臼（chǔ jiù）：用以舂捣，由棒槌一样的杵和有凹窝的臼构成。

② 碓（duì）：这里指捣碎茶叶所用的器具，也称碓子，舂米用的木石构造的工具。

【译文】

杵臼，又名碓子，以经常使用为好。

规，一曰棬[①]，一曰模。以铁制之，或圆，或花，或方。

【注释】

① 棬（quān）：一种类似盂的制茶器具。

【译文】

规，又叫棬、模。用铁制成，或圆形，或花形，或方形。

宋代兔毫茶碗

高 7.9 厘米；直径 16.5 厘米。

南宋元吉州窑黑地白花月影梅纹茶盏

高 5.1 厘米；直径 11.4 厘米。

宋代定窑系白釉茶盏

宋代定窑茶盏

高9.5厘米；直径22.2厘米。

烹茶洗硯
辛未新秋涼風漸至爽氣宜人適
舟尊兄大人屬布是圖聊以報
命即希是正清溪樵子錢慧安并記

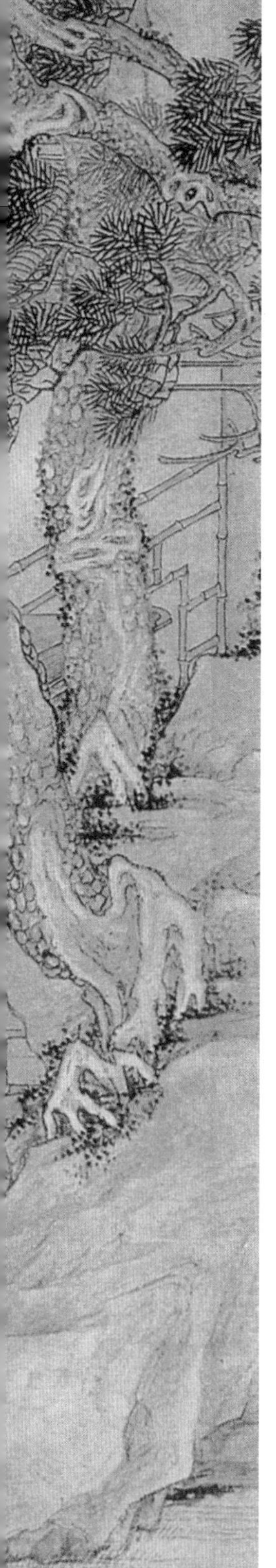

承，一曰台，一曰砧[①]。以石为之。不然，以槐桑木半埋地中，遣[②]无所摇动。

【注释】

① 砧（zhēn）：砧板，一种垫具。

② 遣：使，让。

【译文】

承，又名台、砧。用石制成。如不用石头，用槐木、桑木制成，则应把下半部分埋于地下，使之无法摇晃。

《烹茶洗砚图》

（清）钱慧安　收藏于上海博物馆

《烹茶洗砚图》的背景主要突出了优雅的环境。画中主人公置身于层层苍翠下的水榭中，坐在庭前眺望远方，给人以脱俗清幽之感。一张瑶琴摆放在亭中的琴案上，旁边的鼎彝、图书、赏瓶、茶具有序地摆放着。有两个小童随侍。一个小童烹茶，红泥小火炉上置一把东坡提梁壶，其侧摆放着一个色彩典雅的茶叶罐，小童边干活边侧头看着房顶上欲飞的仙鹤；另一个小童则蹲在水榭下的石阶上，小心翼翼地清洗着一方墨砚，小童的动静吸引了金鱼，它们欢快地游到岸边聚拢起来。画中场景生动地再现了『洗砚鱼吞墨，烹茶鹤避烟』这副名联所描绘的意境。

襜[①]，一曰衣。以油绢[②]或雨衫、单服[③]败者为之。以襜置承上，又以规置襜上，以造茶也。茶成，举而易之。

【注释】

① 襜（chān）：《尔雅·释物》："衣蔽前谓之襜。"原指系在衣服前面的围裙，这里指铺在砧板上的布，以承托住，用以隔开砧板与茶饼。

② 油绢：用桐油涂在绢上做成的雨衣。

③ 单服：只有一层的薄衣服。

【译文】

襜，又名衣。用油绢或穿旧了的雨衣、单衣制成。把襜放在承上，又把规（模具）放在襜上，就可以压制茶饼了。茶饼制成后，将其取下，再压制另一个。

《煎茶七类》卷（局部）（明）徐渭 收藏于北京荣宝斋

草书，尚不足300字，是我国古代茶书类目中较为精练的短篇。创作时间在1575年前后，写于石蚍山下朱氏的宜园。徐渭自幼便受到茶乡家庭的熏陶，沉迷于饮茶。晚年时的徐渭穷困潦倒，病痛交加且无钱买茶，只能用自己的书画换茶喝。因此，徐渭被后人称为『茶痴』。他明确提出了宜茶境界说，认为心境、人境、艺境、物境俱美才是宜茶最高境界。

芘莉[①]（音杷离），一曰籯子[②]，一曰筹筤[③]，以二小竹，长三尺，躯二尺五寸，柄五寸。以篾织方眼，如圃人土罗[④]，阔二尺，以列茶也。

【注释】

① 芘（pá）莉：用以晾晒茶饼，一种草制的盘子类器具。

② 籯（yíng）子：一种竹制盛物器具，用以晾晒茶饼。

③ 筹筤（páng láng）：一种竹制盛物器具，用以晾晒茶饼。

④ 圃人土罗：指种菜的农人使用的土筛子。

【译文】

芘莉（原注：读音为“杷离”），又名籯子、筹筤，用两根长三尺的小竹竿，留出二尺五寸作为躯干，五寸作为手柄，用竹篾编出方形的孔眼，类似农夫用的土筛子，宽约二尺，用以陈列晾晒茶饼。

棨[①]，一曰锥刀。柄以坚木为之，用穿茶[②]也。

【注释】

① 棨（qǐ）：一种在茶饼上钻孔的锥刀。

② 穿茶：将烘干的茶饼分斤两贯穿，便于运输和销售。

【译文】

棨，又名锥刀。手柄以坚硬的木头制成，用来在茶饼上钻孔。

扑，一曰鞭。以竹为之，穿茶以解[①]茶也。

【注释】

① 解（jiè）：搬运。

【译文】

扑，又名鞭。能将茶饼穿串，便于搬运，用竹子制成。

焙[①]，凿地深二尺，阔二尺五寸，长一丈。上作短墙[②]，高二尺，泥之。

【注释】

① 焙（bèi）：指烘烤茶饼使用的土炉子。

② 短墙：很矮的墙。

【译文】

焙，在地面上挖一个深二尺、宽二尺五寸、长一丈的坑。在上面砌一截矮墙，高二尺，抹上泥巴。

贯[①]，削竹为之，长二尺五寸。以贯茶焙之。

【注释】

① 贯：贯串茶饼的长竹条。

【译文】

贯，是用削下来的竹子制作而成，长二尺五寸。可以贯串茶饼，以便于烘烤。

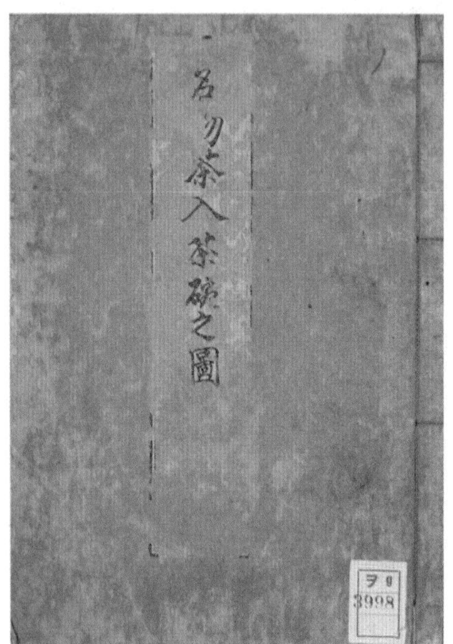

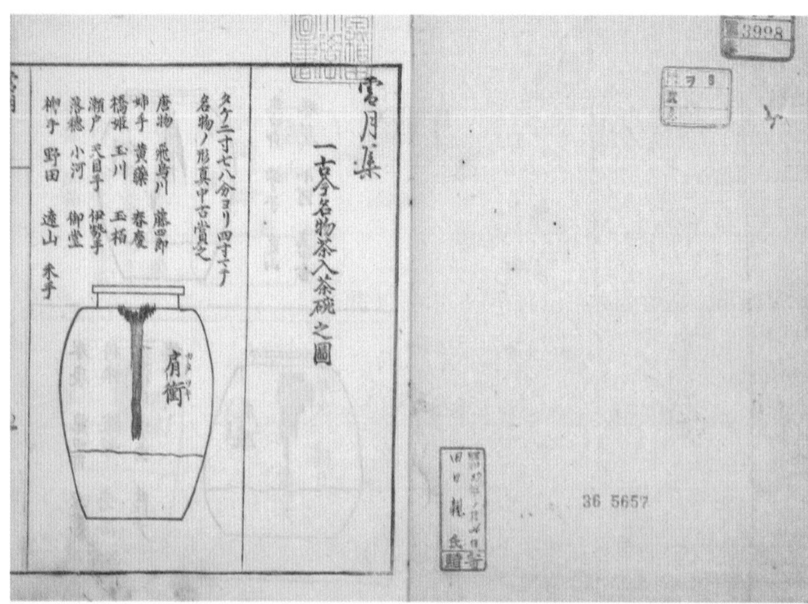

《古今名物茶入茶碗之图》日本刊本

[日]佚名　收藏于日本早稻田大学图书馆

有句话说『水为茶之母，器为茶之父』，不同的茶具适合冲泡茶的种类也不尽相同。通常情况下，密度比较高的茶具泡出的茶香味清扬，密度比较低的茶具泡出的茶香味低沉。泡茶时对器型的选择非常有讲究，茶具的保温和散热效果不同会影响到茶叶，视觉上茶具的器型也需要与茶叶相适应。

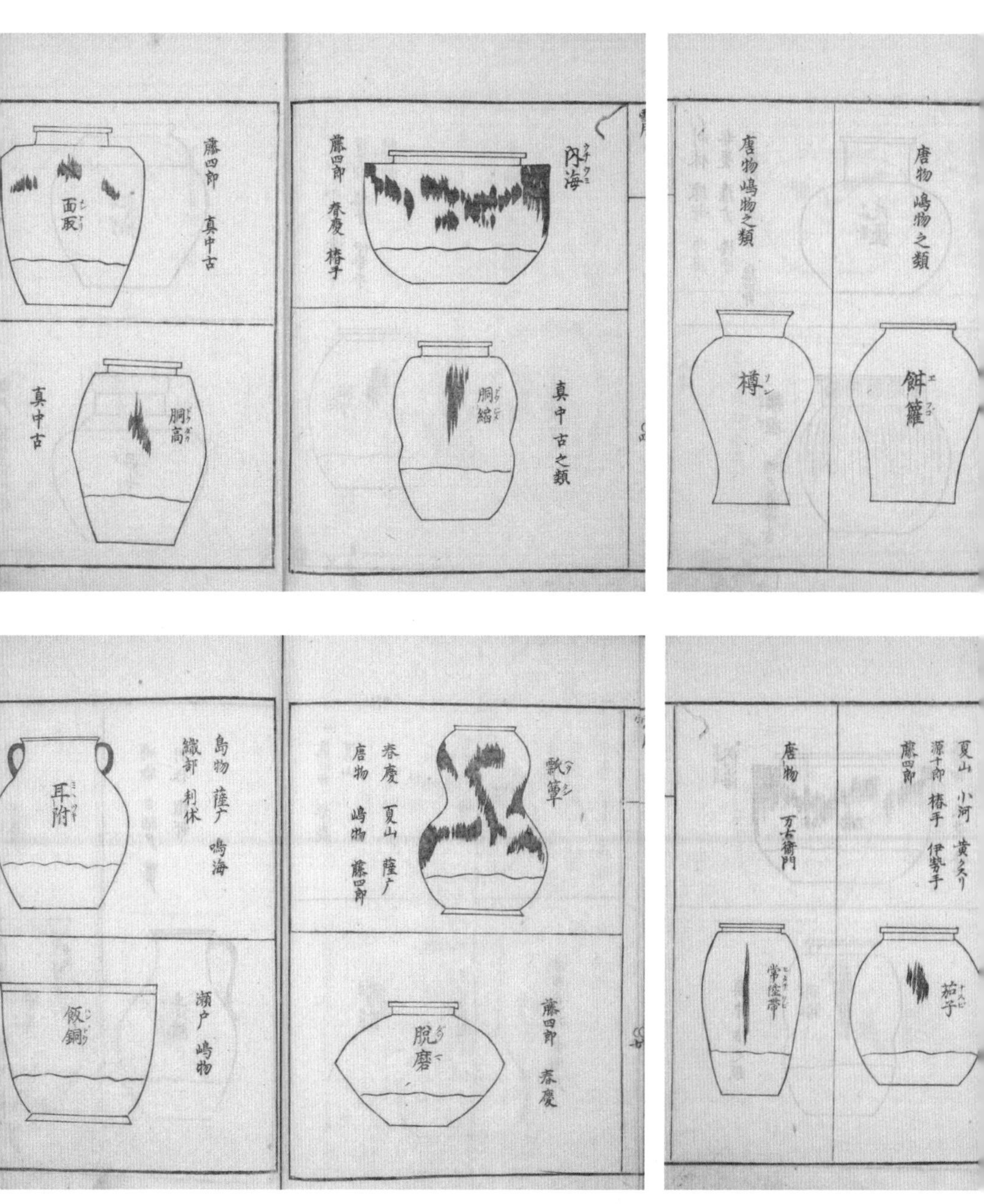
内海
藤四郎 春慶 椿手
胴締
真中古之類
藤四郎 真中古
面取
胴高
真中古
唐物 嶋物之類
餌畚
唐物嶋物之類
樽
瓢箪
春慶 夏山 薩广
唐物 嶋物 藤四郎
藤四郎 春慶
島物 薩广 鳴海
織部 利休
耳附
瀬戸 嶋物
飯銅
夏山 小河 黄久り
源十郎 椿手 伊勢手
藤四郎
茄子
唐物 万右衛門
常陸帯

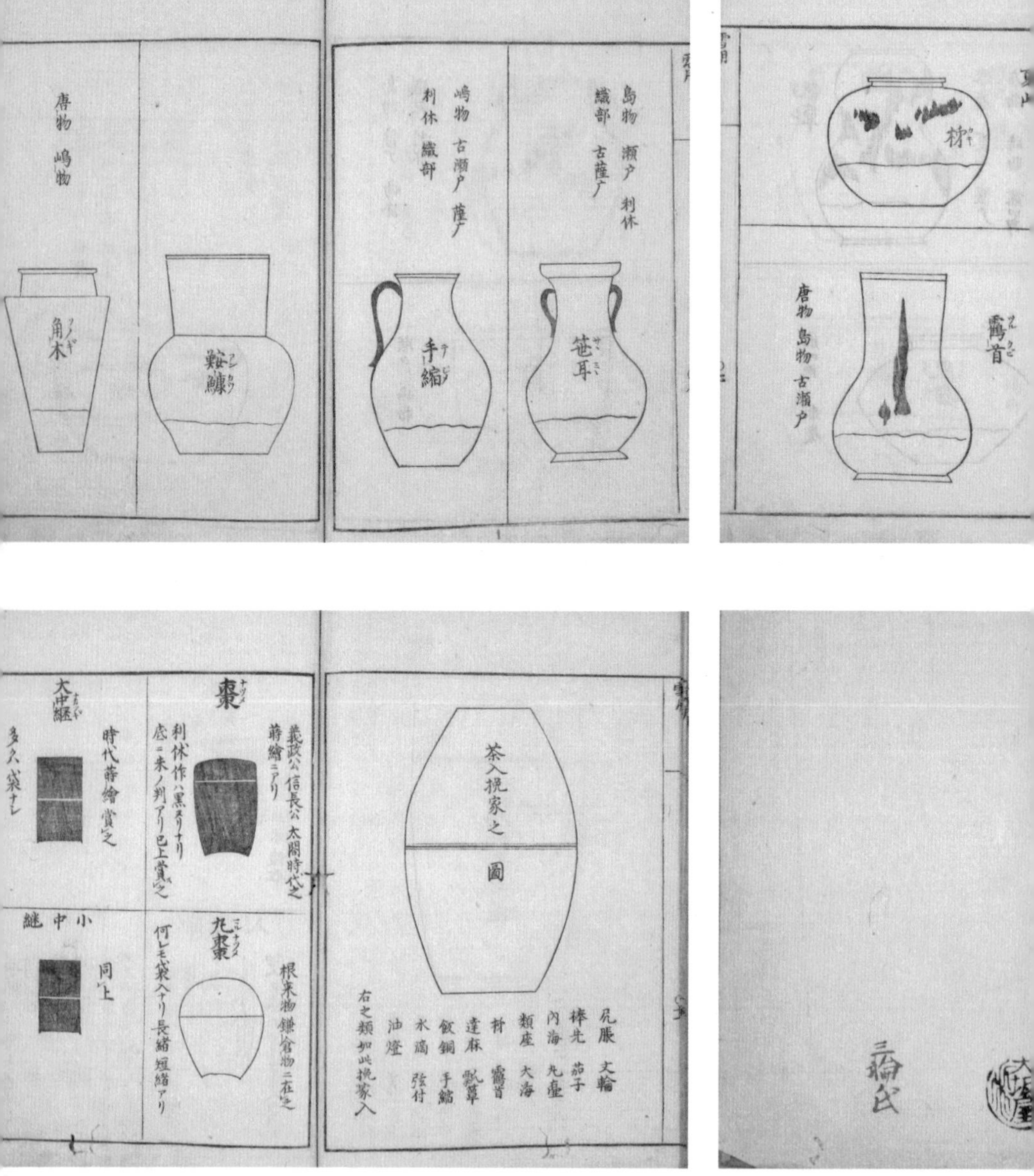

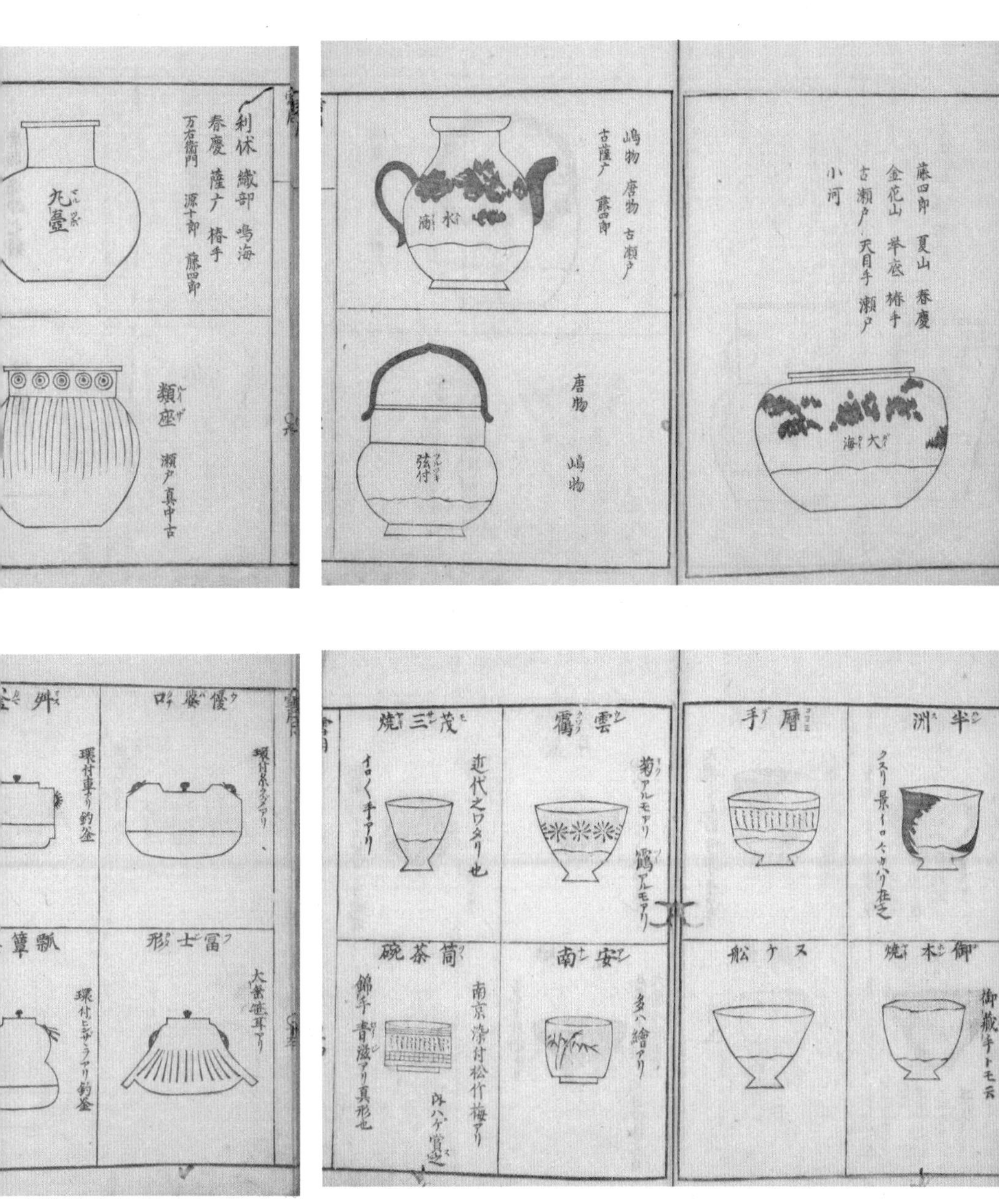

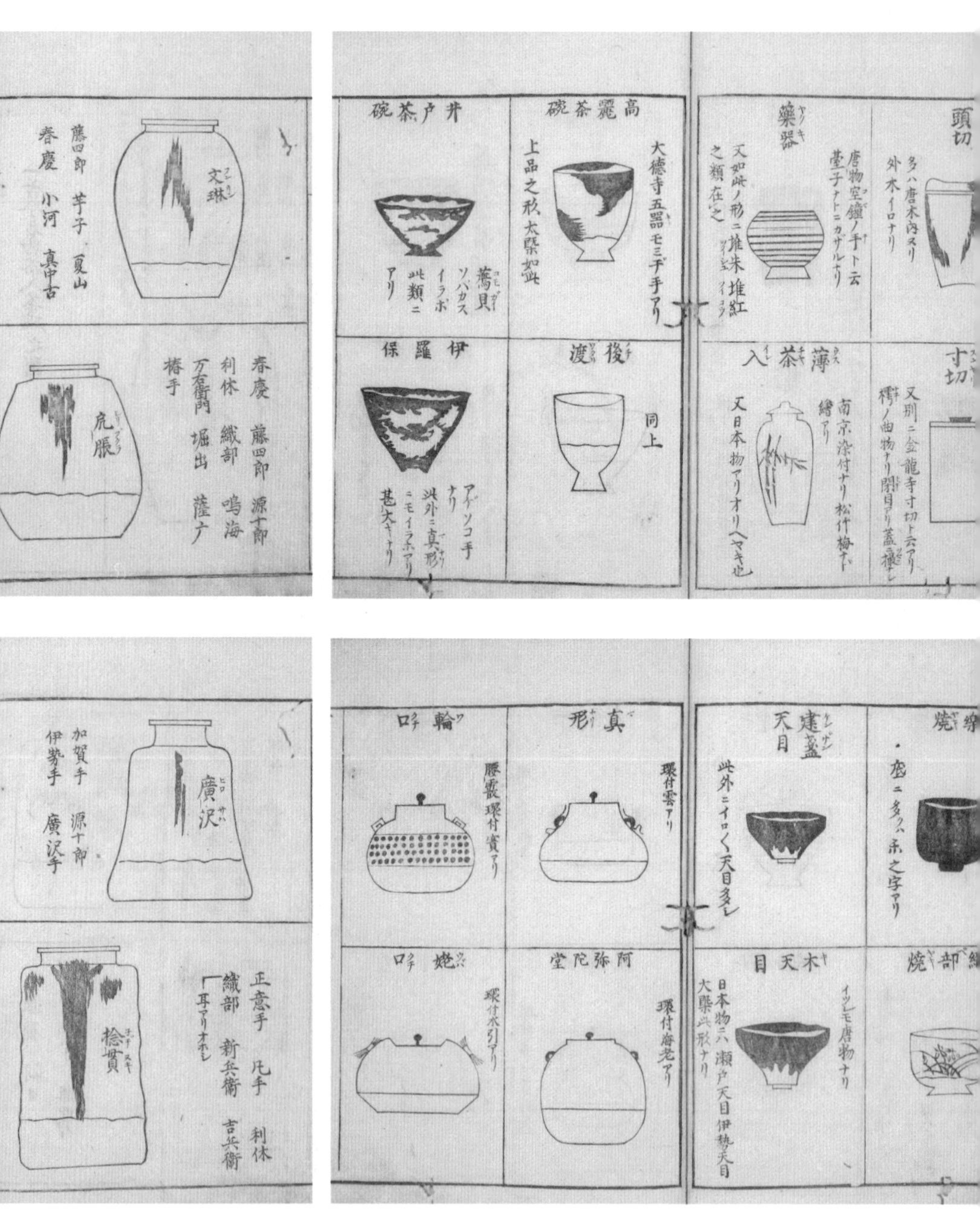

頭切
多ハ唐木内ヌリ
外木イロナリ
藥器
唐物室鐘ノ手ト云
茎子ナトニカザルナリ
又如此ノ形ニ推朱 堆紅
之類在之
高麗茶碗
大徳寺五器モミヂ手アリ
上品之秋 太槃如此
井戸茶碗
蕎貝 ソバカス イラボ 此類ニアリ
寸切
薄茶入
南京染付ナリ 松竹梅ナド緒アリ
又日本物アリオリヘヤキ也
後渡
同上
伊羅保
アイソコ手ナリ
此外ニ真形ニモイラホアリ
甚大キナリ
文琳
藤四郎 芋子 夏山
春慶 小河 真中古
疘脹
春慶 藤四郎 源十郎
利休 織部 鳴海
万右衛門 堀出 薩广
椿手
建盞 天目
此外ニイロイロ天目多シ
真形
環付雲アリ
輪口
腰覆 環付賓アリ
木天目
イヅレモ唐物ナリ
日本物ニハ瀬戸天目 伊勢天目
大槃此形ナリ
阿弥陀堂
環付海老アリ
姥口
環付水引アリ
廣沢
加賀手 源十郎
伊勢手 廣沢手
捻貫
正意手 凡手 利休
織部 新兵衛 吉兵衛
耳アリオホシ

棚，一曰栈。以木构于焙上，编木两层，高一尺，以焙茶也。茶之半干，升下棚；全干，升上棚。

【译文】

棚，又名栈。用木料制成，放在焙上，分为两层，高一尺，用以烘焙茶饼。待茶饼半干时，放到木架的下层；全部烘干后，放到木架的上层。

穿[①]（音钏）。江东、淮南剖竹为之；巴川峡山，纫[②]穀皮为之。江东以一斤为上穿；半斤为中穿；四两、五两为小穿。峡中以一百二十斤为上穿；八十斤为中穿；四五十斤为小穿。穿字旧作钗钏[③]之“钏”字，或作贯串。今则不然，如“磨、扇、弹、钻、缝”五字，文以平声书之，义以去声呼之[④]，其字，以“穿”名之。

【注释】

① 穿：一种用以将制好的茶饼穿串的索状工具。

② 纫：搓揉成绳，意思是捻绳。

③ 钗钏：指妇人所有的饰物镯子和钗簪。

④ 文以平声书之，义以去声呼之：汉语中的一字“四声别义”现象，指汉字声韵母相同，声调不同，意义有别。

【译文】

穿（原注：发音同“钏”）：江东、淮南地区的穿索是剖开竹子而制成的；巴川峡山地区的穿索是纫榖皮搓制而成。江东地区把重一斤的茶饼串称作上穿；半斤的为中穿；四五两的为小穿。峡中地区把重一百二十斤的茶饼串称为上穿；八十斤的为中穿；四五十斤的为小穿。穿，旧作钗钏的“钏”字，或作贯串的“串”。如今则不同，就像“磨、扇、弹、钻、缝”五字，以平声书写，字义与发音则是去声，这个字，意思按去声，字形要写成“穿”。

育，以木制之，以竹编之，以纸糊之。中有隔，上有覆，下有床，傍有门，掩一扇。中置一器，贮煻煨①火，令煴煴然②。江南梅雨时，焚之以火。（育者，以其藏养为名。）

【注释】

① 煻煨（táng wēi）：热灰，可以烤制食物。

② 煴煴（yūn）然：指看不见火苗的弱火。火热微弱的样子。颜师古曰：“煴，聚火无焰者也。”

【译文】

育，用木头制成架子，用竹篾编成四壁，用纸裱糊起来。中间有隔断，上面有盖子，下面有托底，侧面有可以打开的门，掩着其中的一扇。中间放置一器皿，里面放着热灰，让它保持微热的暗火。江南地区梅雨季节到来的时候，即烧火去湿。（原注：育，因其藏养万物而得名。）

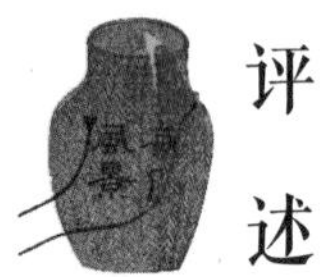

评述

第二篇“之具”为制茶工具篇，详细介绍了十六种采茶与制茶过程中所使用的工具：籝、灶、釜、甑、杵臼、规、承、襜、芘莉、棨、扑、焙、贯、棚、穿、育。

这些茶具可分为七大类别，有人称之为唐代茶叶初制所必备的“七种武器”。本篇记录了七大制茶工具的别名、形状、尺寸、材质、用法。单从制茶工具的功能分类，逐一对应后文“采之、蒸之、捣之、拍之、焙之、穿之、封之”的七步“工艺流程”，分类如下：

一、采摘工具：籝，也就是竹篮，是一种鲜叶采摘所使用的工具。“茶人负之以采茶”，说明茶产区产竹子，竹编工业发达。

二、蒸煮工具：灶、釜、甑。灶台、锅、蒸笼等这些厨房中的日用工具，到现在还在使用。

三、捣碎工具：杵臼。杵臼到现在还在使用，一般为木石制品。

四、拍制工具：规、承、襜、芘莉。唐代“蒸青”拍茶工艺使用工具，今已被其他工艺代替。

五、烘焙工具：棨、扑、焙、贯、棚。这些是唐代茶饼烤干工艺使用的工具，现在已经被其他工具替代。

六、穿串工具：穿。这种计量单位在唐代非常常见，但是现在已被斤、两、克重体系替代。

七、贮存工具：育。封茶工艺，现在已经非常少见。

如前所述，这些物件，如今大部分被淘汰、替代，陈列在博物馆中。如今，采茶和制茶的工具已经更新换代，其中最显著的变化，是大规模的竹制品，已被塑料制品和铁制品代替。即使是用甑子熏蒸的“杀青”“蒸酶”技术，也只在边疆民族地区以“非物质文化遗产”之名得以传承。

生产工具的改进，始终是茶业发展的关键，“工欲善其事，必先利其器”。唐代之后，宋元明清，工具日新，茶业红火，自不待言。

卷上·三之造

凡采茶，在二月、三月、四月之间。茶之笋者，生烂石沃土，长四五寸，若薇蕨始抽，凌露采焉[①]。茶之芽者，发于藂薄[②]之上，有三枝、四枝、五枝者，选其中枝颖拔[③]者采焉。其日，有雨不采，晴有云不采。晴，采之、蒸之、捣之、拍之、焙之、穿之、封之，茶之干矣[④]。

【注释】

① 若薇蕨始抽，凌露采焉：凌，冒着。化用《诗经》句，指茶叶如同薇蕨抽新芽，要在露水未干时采摘。薇、蕨，都是野菜。《诗经·小雅》有“采薇”篇，《毛传》：“薇，菜也。”《诗经》又有“言采其蕨”句，《诗义疏》说：“蕨，山菜也。”二者都在春季抽芽生长。

② 藂（cóng）薄：藂，同“丛”，聚集、丛生。丛生的灌木、杂草。

③ 颖拔：指茶枝长势良好，挺拔。

④ 茶之干矣：茶就可以保持干燥了。

【译文】

摘采茶叶，一般在农历二月、三月、四月之间。肥壮如笋的芽叶，如同薇、蕨抽新芽，长四五寸，生长在碎石间的肥沃土壤里，要在露水未干时采摘。略次的嫩芽生在丛生的草木间，有的抽芽三枝、四枝、五枝，选长势最好的挑选下来采摘就可以了。当日如果下雨就不采，晴间多云也不采；晴天之时采摘、蒸熟、捣碎、压饼、烘培、穿串、封存，茶就可以保持干燥了。

栽茶图

《茶景全图》清彩绘本　（清）佚名

《茶景全图》描绘了制茶的整体制作流程，讲述了茶的栽培、采摘、担茶、挑拣、晾晒、筛选、熏制、分类、包装、装船等生产场面，画风古朴，在了解茶的制作流程的同时也让人体会到了中国画的魅力。

拣茶图

熏茶图

担茶图

采茶图

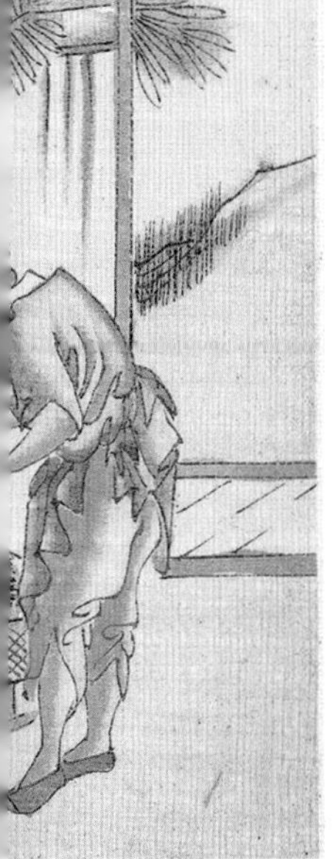

筛茶图

晒茶图

茶有千万状，卤莽[①]而言，如胡人靴者，蹙[②]缩然（京锥文也[③]）；犎[④]牛臆者，廉襜[⑤]然（犎，音朋，野牛也）；浮云出山者，轮囷[⑥]然；轻飙拂水者，涵澹然。有如陶家之子，罗膏土以水澄泚[⑦]之（谓澄泥也）。又如新治地者，遇暴雨流潦之所经。此皆茶之精腴。有如竹箨[⑧]者，枝干坚实，艰于蒸捣，故其形籭簁[⑨]然（上离下师[⑩]）；有如霜荷者，茎叶凋沮，易其状貌，故厥状委悴然。此皆茶之瘠老者也。

【注释】

① 卤莽：卤，同“鲁”。鲁莽。这里指大致而言，笼而统之。

② 蹙（cù）：有皱纹的样子。

③ 京锥文：京锥纹，指一种不常见的古怪图案。

④ 犎：古音同“朋”，一种野牛。

⑤ 襜（chān）：帷幕。

⑥ 轮囷（qūn）：根据《集韵》，指竹筛。

⑦ 澄泚（dèng cǐ）：以清水浸泡，使清水澄澈，使其静置沉淀。

⑧ 竹箨（tuò）：竹笋的外壳。

⑨ 籭簁：古音同“离师”，竹筛子。

⑩ 上离下师：此为“籭簁”之注音，古文竖排，发古音“离师”。

【译文】

茶饼的形状有很多种，笼统比喻，有的像少数民族胡人穿的鞋子，表面布满起皱的花纹（原注：京锥纹样）；有的像野牛胸部的肉，布满了帷幕一样的褶子；有的像清风拂水，微波荡漾；有的像出山的浮云，盘旋曲折；有的像陶工筛出的陶泥，用水澄清后光滑细腻；有的像新翻的土地被暴雨冲刷后形成的纹路。这些都是茶中精品与精华。而有的茶像竹笋壳一样，枝叶坚硬，难以蒸熟捣碎，所以制成的茶饼就像筛子一样坑坑洼洼；有的茶像霜打过的荷叶一样，枝叶枯败凋萎，叶形都发生了改变，所以制成的茶饼就显得干枯憔悴不成样子，这些都是劣等的茶。

煎茶圖式後序

夫好色者削肉好酒者腐腸二者害性命茶則不然矣不止無害且養生焉風窓松濤可以怡神雨檐瓶笙可以破悶午睡始起烹之洗倦吟酔已罷毀之解醒磁碗送春石鼎消夏月夜雪日莫時不宜乃若其極則襟爽骨輕可跳出於風塵外與廣成羨門共上界仙趣矣 培公老于墨水與門人思樂等排列茶具論定煎法凡二十六則玩之遺悶今約其要為作圖以頒同好亦出於消閒之餘情古人云茶宜精行儉德之人視之於世之好酒色而戕其性者其相距豈不至鉅哉果知其趣而樂之則可以養生延壽可以忘世塵入仙域矣吾庶幾酒色之徒一讀乃有所悔悟云

慶應紀元乙丑五月

伊勢崎 今村了菴識

茶事场景图

选自《煎茶图式》

[日]酒井忠恒/编

[日]松谷山人吉村/绘

中国的茶道始源于唐宋时期，煎茶道属于茶道的一种，本书主要介绍煎茶道具（风炉、茶罐茶碗）与煎茶历史文化。日本的煎茶道是从唐朝传过去的，因此在形式和器物上都符合中国的历史。

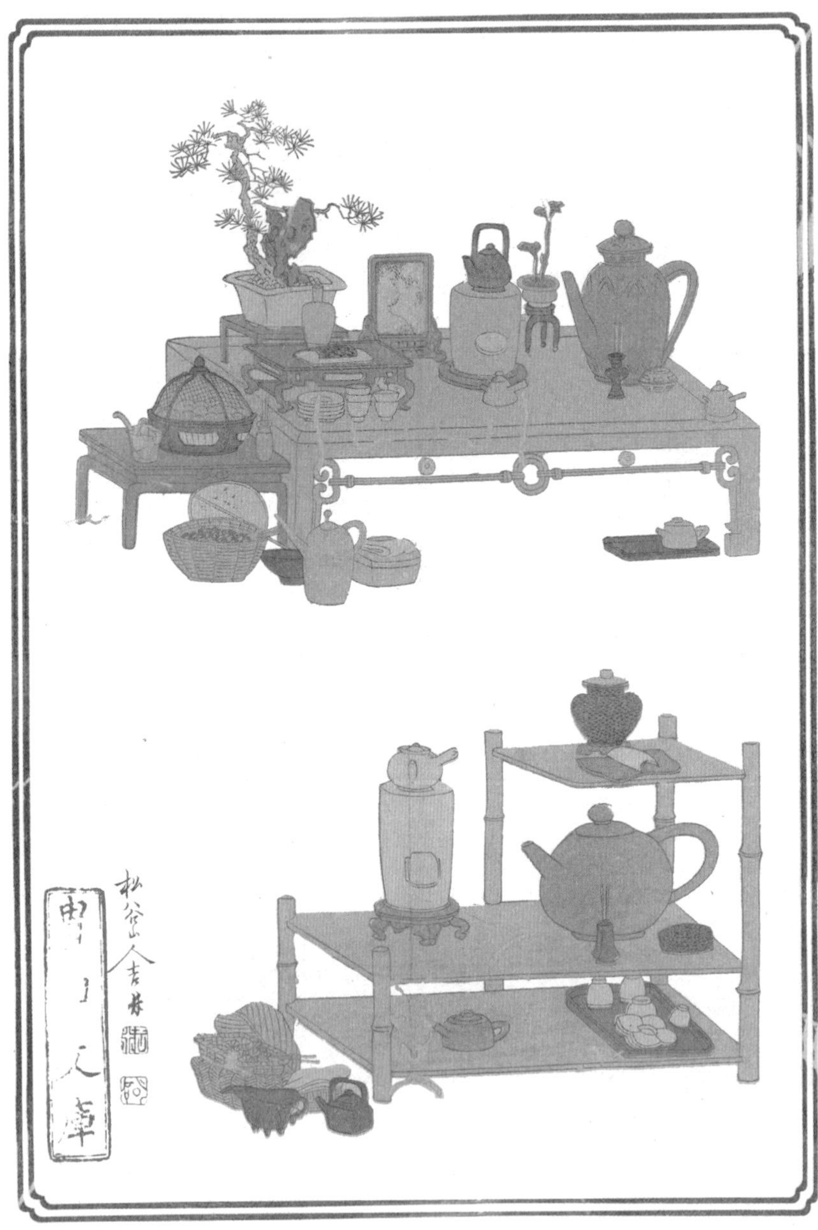
松谷山人吉村

自采至于封七经目，自胡靴至于霜荷，八等。或以光黑平正言佳者，斯鉴之下也；以皱黄坳垤[1]言佳者，鉴之次也；若皆言佳及皆言不佳者，鉴之上也。何者？出膏者光，含膏者皱；宿制者则黑，日成者则黄；蒸压则平正，纵之则坳垤；此茶与草木叶一也。茶之否臧[2]，存于口诀。

【注释】

① 坳垤（ào dié）：本意指地势高低不平，这里指茶饼凸凹不平。

② 否（pǐ）臧：《世说新语·德行第一》："每与之言，未尝臧否人物。" 否，贬，非议；臧，褒奖，这里指优劣。

【译文】

从采摘到封存，要经过七道工序。茶饼的形状，从像胡人穿的鞋子到像被霜打败的荷叶，大致分为八个等级。有人认为光亮、黝黑、平整的茶饼是上等茶，这是下等的鉴别方法；有人认为起皱、发黄、凸凹不平的茶饼是上等茶，这是次等的鉴别方法；能综合研判茶饼优劣，才是上等的鉴别方法。为什么？因为压出茶汁的茶饼外表光亮，含有茶汁的茶饼表面起皱；隔日压制的茶饼外表发黑，当日压制的茶饼外表发黄；蒸后压实的茶饼外表平整，未蒸压制的茶饼外表凸凹不平。从中可以看出，茶叶与其他草木的叶子是一样的。评判茶饼的优劣，有一套口诀。

《春宴图》

（南宋）佚名　收藏于北京故宫博物院

此画描绘了宋代时期王公贵族们的聚会景象。桌面上物品摆放简单，器具以素色为主。贵族们围坐在桌前，面前只摆着茶、小吃和果蔬。图中为点茶，多用于宴会，风炉和铫子是煎茶的工具，而点茶是用汤瓶。在点茶时使用汤瓶和方炉的组合，也常出现在宋代的图画中。宋代的汤瓶，在唐代称为注子，且唐代注子的出水口长度较宋代更短。图中白色为『盏托』，『盏托』最早记载于北宋，图画中的盏托从外观看更接近宋代时的青瓷盏托。

评述

本篇“之造”，即茶人制茶指南。注意这里的“茶人”用的是古义，指从事茶叶生产、加工的人。“之造”记载了茶叶的采摘时间、采摘方法、制茶工序、茶饼特征及品质鉴别方法。

“采摘茶叶，一般在农历二月、三月、四月间”，所以，这里的采茶一直指的是春茶。茶叶到底应该根据什么采摘？一是看时令，尽人皆知春茶好，夏秋茶次之，冬茶不采。二是时辰，“凌露采焉”。三是天气，“有雨不采，晴有云不采”。

接着讲，制茶工序。天气晴朗，凌露采之、蒸之、捣之、拍之、焙之、穿之、封之，一鼓作气，完成制作饼茶的七个工序：采、蒸、捣、拍、焙、穿、封。这就是制茶的生产流程，对应上一篇所述的七类生产工具。

然后再说茶饼特征以及品质鉴别方法。从茶饼形状判断茶的品质，可分八个等级：胡人靴、犎牛臆、浮云出山、轻飙拂水、澄泚、流潦、竹箨、霜荷。陆羽运用形象的比喻，阐明饼茶品质鉴定法的基本原理：茶饼光滑是因为压出了茶汁，色泽黄亮是因为制作及时，饼面周正是因为蒸压紧实……“茶之否臧，存于口诀”。

惜乎，流年似水，唐代的那一套饼茶品质鉴定口诀，已经失传。

采茶

选自《制茶说》册 ［日］狩野良信 收藏于日本东京国立国会图书馆

20世纪，日本的茶学专家提出了『自中国渡来说』，根据唐宋时期日本僧侣与中国往来推测，是日本僧侣将中国的茶籽、茶苗及饮茶习俗传播至日本，并推动了茶文化在日本的发展。传入日本的中国饮茶习俗又通过宫廷、幕府、寺院逐渐普及民间。据日本文献《奥仪抄》记载，『日本天平元年，中国茶叶传入』，彼时正值唐开元十七年（729年），距陆羽《茶经》成书还有差不多50年。最早的日本饮茶记录出现在弘仁五年（814年）的《空海奉献表》，这份记载了空海和尚（774—835）日常生活的文本曾简要写道：『观练余暇，时学印度之文，茶汤坐来，乍阅振旦之书。』在9世纪早期，日本僧人在闲暇之余已有饮茶之举。

卷中·四之器

风炉（灰承）	筥	炭挝	火筴	鍑
交床	夹	纸囊	碾（拂末）	罗合
则	水方	漉水囊	瓢	竹筴
鹾簋（揭）	熟盂	碗	畚	札
涤方	滓方	巾	具列	都篮

【注释】

篇首列出了五列二十五种饮茶器具，以示重要。

【译文】

风炉（灰承）	筥	炭挝	火筴	鍑
交床	夹	纸囊	碾（拂末）	罗合
则	水方	漉水囊	瓢	竹筴
鹾簋（揭）	熟盂	碗	畚	札
涤方	滓方	巾	具列	都篮

茶具『十二先生』 选自《茶具图赞》 （宋）审安老人

中国茶文化历史悠久，古往今来，当属宋代最为盛行。当时盛名的审安老人将常用的茶具绘制成《茶具图赞》，又称『十二先生』。使用拟人化的手法，将点茶道中的十二种器具，根据它们的特性和功能分别赋予姓，配以名、字、号，拟以官爵，系以赞，并附以图。生动形象地呈现了宋代时期人们对茶具的喜爱以及对茶具功用和特点的评价。

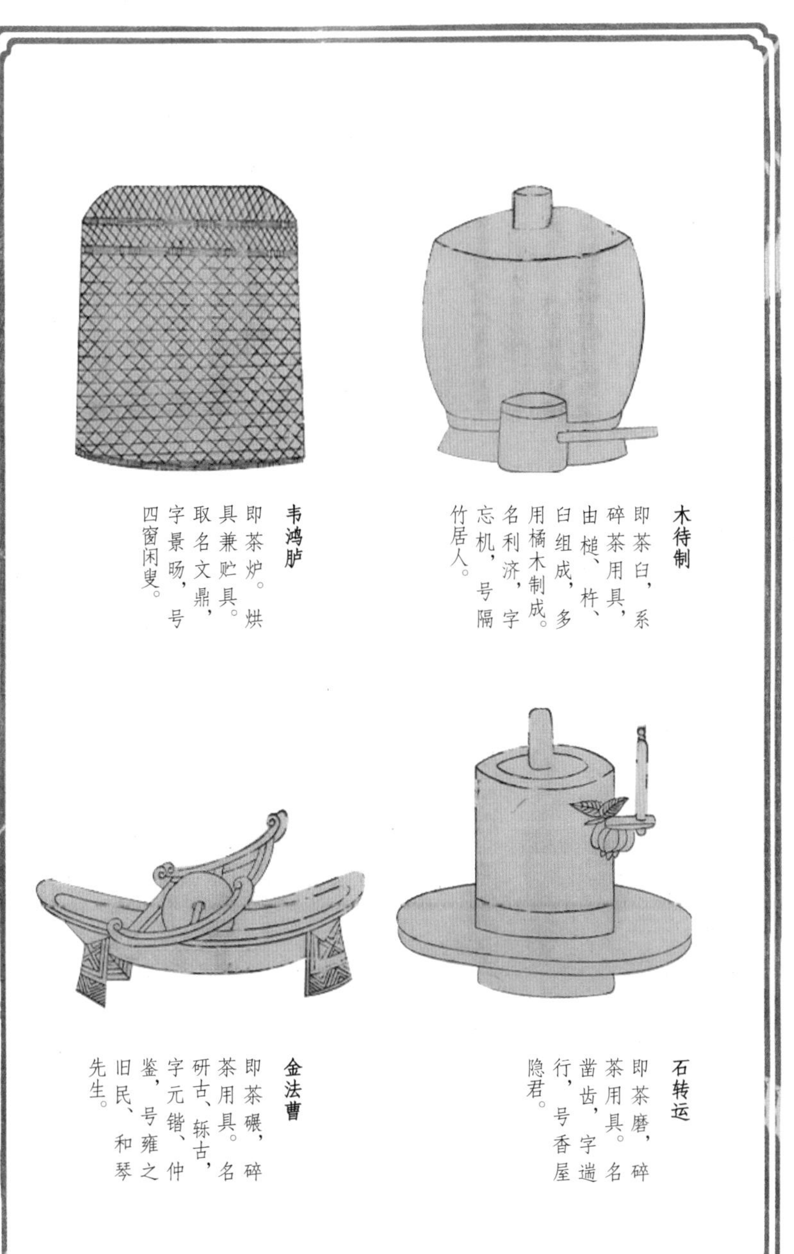

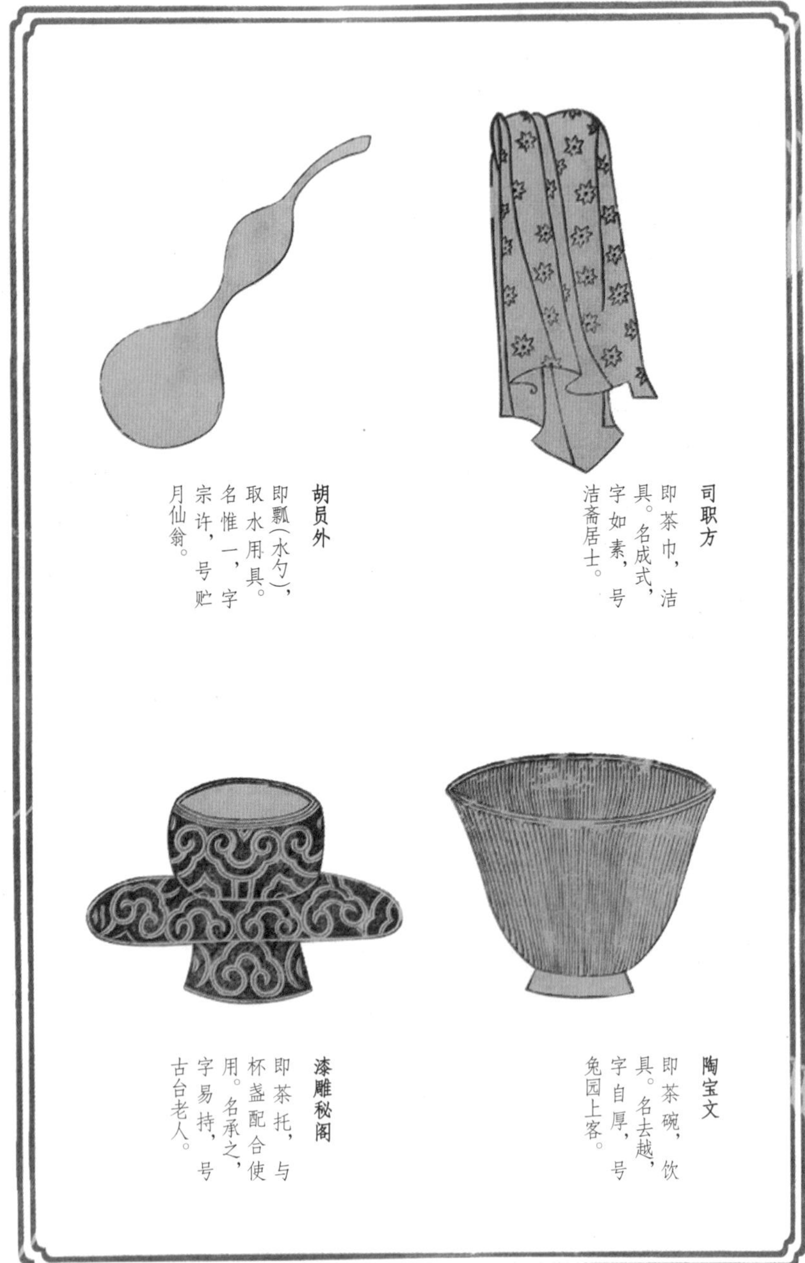
司职方
即茶巾，洁具。名成式，字如素，号洁斋居士。
胡员外
即瓢(水勺)，取水用具。名惟一，字宗许，号贮月仙翁。
陶宝文
即茶碗，饮具。名去越，字自厚，号兔园上客。
漆雕秘阁
即茶托，与杯盏配合使用。名承之，字易持，号古台老人。

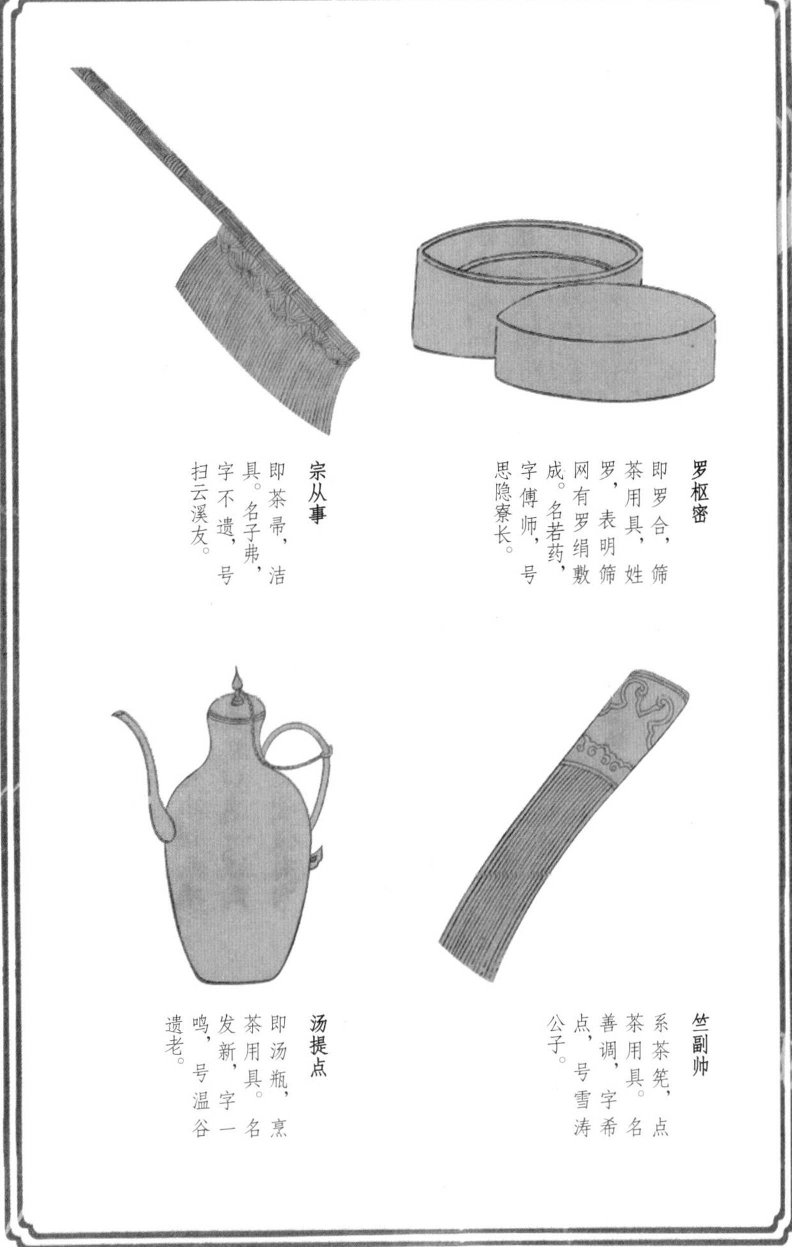

罗枢密

即罗合，筛茶用具，姓罗，表明筛网有罗绢敷成。名若药，字傅师，号思隐寮长。

宗从事

即茶帚，洁具。名子弗，字不遗，号扫云溪友。

竺副帅

系茶筅，点茶用具。名善调，字希点，号雪涛公子。

汤提点

即汤瓶，烹茶用具。名发新，字一鸣，号温谷遗老。

风炉（灰承[①]）

风炉，以铜、铁铸之，如古鼎形。厚三分，缘阔九分，令六分虚中，致其圬墁[②]。凡三足，古文书二十一字：一足云“坎上巽下离于中”[③]，一足云“体均五行去百疾”[④]，一足云“圣唐灭胡明年铸”[⑤]。其三足之间，设三窗，底一窗以为通飙漏烬之所。上并古文书六字：一窗之上书“伊公”二字，一窗之上书“羹陆”二字，一窗之上书“氏茶”二字，所谓“伊公羹、陆氏茶[⑥]”也。置墆埭[⑦]，于其内，设三格：其一格有翟焉，翟[⑧]者，火禽也，画一卦曰离；其一格有彪[⑨]焉，彪者，风兽也，画一卦曰巽；其一格有鱼焉，鱼者，水虫也，画一卦曰坎。巽主风，离主火，坎主水，风能兴火，火能熟水，故备其三卦焉。其饰，以连葩、垂蔓、曲水、方文之类。其炉，或锻铁为之，或运泥为之。其灰承，作三足铁柈[⑩]台之。

【注释】

① 灰承：用以承接风炉漏下的灰，风炉的附属器件。本篇标题括号表示其附属物品，下同。

② 圬墁（wū màn）：这里指涂刷泥，本为涂墙用的工具。

③ 坎上巽(xùn)下离于中：坎、巽、离都是八卦的卦名，坎为水，巽为风，离为火。有水在上，风从下面吹入，火在中间燃烧。

④ 体均五行去百疾：指对应阴阳五行木、金、火、土、水的人体五脏器——肝、肺、心、脾、肾均匀调和，百病不生。

⑤ 圣唐灭胡明年铸：唐王朝平定“安史之乱”后一年铸造。

圣唐灭胡，指唐王朝平息“安史之乱”，时在唐广德元年（763），以此推断此风炉之鼎铸造于公元764年。

⑥ 伊公羹、陆氏茶：伊公，商代名臣伊尹的尊称。伊尹，己姓，伊氏，名挚，史籍记载生于洛阳伊川，商朝开国元勋，杰出的政治家、思想家，中华厨祖。相传他善调羹汤，世称“伊公羹”。伊尹的厨艺、陆羽的茶器。

⑦ 墆㙞（dì niè）：指风炉底部的箅子。

⑧ 翟（dí）：翟，古字形从羽、从隹，指长尾巴的雉鸡。中国古代典籍认为雉鸡是火禽，五行属火。

⑨ 彪：小老虎。中国古代典籍认为彪奔跑速度像风一样快，五行属风，是风兽。

⑩ 三足铁柈（pán）：柈，同“盘”，盘子。三角铁盘。

【译文】

风炉（含灰承）：用铜或铁铸造而成，形状像古代的鼎。炉壁厚三分，炉口边缘直径九分，使炉壁与炉腔之间空出六分，并在炉内外抹上泥。风炉都有三只脚，上面用古字刻着二十一个字：一只刻“坎上巽下离于中”；一只刻“体均五行去百疾”；一只刻“圣唐灭胡明年铸”。三足之间设有三个窗口，炉底开一窗口用来通风漏灰烬。三个窗口上以古文刻着六个字：一窗上刻“伊公”二字；一窗上刻“羹陆”二字；一窗上刻“氏茶”二字，连起来就是“伊公羹、陆氏茶”。风炉内置一个箅子，里面分为三格：一格铸有鱼的图案，这是一种水生动物，以代表水的坎卦符号表示；一格铸有彪的图案，这是一种风兽，以代表风的巽卦符号表示；另一格铸有翟的图案，这是一种火禽，以代表火的离卦符号表示。

巽主风，离主火，坎主水，风能兴火，火能熟水，因此刻上这三卦象。风炉壁上还做一些装饰，连缀的花朵、垂悬的藤蔓、回曲的流水波纹、方形的花纹之类。有的风炉用泥巴烧制而成，有的用熟铁铸造而成。风炉的灰承，是一个三脚铁盘，可以托住底盘，用来承接炉灰。

筥

筥[①]，以竹织之，高一尺二寸，径阔七寸。或用藤，作木楦[②]如筥形织之，六出圆眼[③]。其底盖若筣簇[④]口，铄[⑤]之。

【注释】

① 筥（jǔ）：一种用于盛放物品的圆形的竹器。

② 木楦（xuàn）：木架。

③ 六出圆眼：竹器上六边形的小孔。

④ 筣簇（qiè）：用小竹篾编成的长方形箱子。

⑤ 铄（shuò）：削平，使之看上去美观。

【译文】

筥：用竹篾片编织而成，高一尺二寸，直径七寸。有的也用藤在筥形的木架上编织而成，上面留出六边形的小孔。筥的底部和盖子要像竹箱的开口一样削平，这样看上去美观大方。

《饮茶图》
（宋）佚名　收藏于美国弗利尔美术馆

炭挝

炭挝[①]，以铁六棱制之。长一尺，锐上丰中[②]，执细头，系一小鍜[③]，以饰挝也。若今之河陇[④]军人木吾[⑤]也。或作锤，或作斧，随其便也。

【注释】

① 炭挝（zhuā）：捣碎木炭的铁棍。

② 锐上丰中：中间沉实，头部尖锐。

③ 鍜（zhǎn）：炭挝上的小装饰物件。

④ 河陇：相当于今甘肃西部，包括嘉峪关、酒泉、敦煌等地。指边塞重地河西与陇右。

⑤ 木吾：吾，假借为“御”，防御之意思。一种用以防身的木棒。

【译文】

炭挝：用六棱形的铁制成。长一尺，中部沉实，头部尖锐，执握处细，在细的端头系上一个小鍜，作为装饰。像现在河陇地区的士兵防御用的木棒一样。有的做成锤形，有的做成斧形，各随其便。

火筴[1]

火筴，一名筯[2]，若常用者，圆直一尺三寸。顶平截，无葱薹句锁[3]之属，以铁或熟铜制之。

【注释】

① 火筴（cè）：类似火钳，烧火过程中使用的夹器。

② 筯（zhù）：同“箸”，一种筷子，用以夹住某物。

③ 葱薹（tái）句锁：薹，葱的骨朵，长在葱的顶部，呈圆柱形。句，通“勾”，弯曲形。这里指各类装饰。

【译文】

火筴，又叫火筯，常用的火筴，圆而直，长一尺三寸。顶端截平，没有葱薹勾锁等装饰，一般用熟铜或铁打制而成。

宣化辽墓壁画《备茶图》（局部）

鍑

鍑[1]（音辅，或作釜，或作鬴[2]），以生铁为之。今人有业冶者，所谓急铁[3]，其铁以耕刀之趄[4]炼而铸之。内模土而外模沙。土滑于内，易其摩涤；沙涩于外，吸其炎焰。方其耳，以正令[5]也。广其缘，以务远也。长其脐，以守中也。脐长，则沸中；沸中，则末易扬；末易扬，则其味淳也。洪州[6]以瓷为之，莱州[7]以石为之。瓷与石皆雅器也，性非坚实，难可持久。用银为之，至洁，但涉于侈丽。雅则雅矣，洁亦洁矣，若用之恒，而卒归于铁也。

【注释】

① 鍑（fǔ）：一种口很大的铁锅。

② 鬴（fǔ）：鬴，同“釜”。锅。

③ 急铁：利用废旧铁器二次熔炼而成的铁。

④ 耕刀之趄（qiè）：趄，倾斜、歪斜，艰难行走之意，引申为坏的、旧的。用旧或者用坏了的犁头、锄头。

⑤ 正令：笔直，端正。

⑥ 洪州：治所在今江西南昌一带，唐代州名。

⑦ 莱州：治所在今山东莱州市一带，唐代州名。

【译文】

鍑（原注：音辅，也写作釜，或者鬴），用生铁铸成。生铁就是当今从事冶炼的工人所说的“急铁”。这种铁是用已经使坏了的犁头熔炼后铸造而成的。铸造锅时，里面抹泥外面抹沙。泥可以让锅内光滑，便于洗刷；沙使锅外粗糙，便于吸收火的热量。锅耳宜方，便于摆正。锅沿宜宽，便于火焰铺开。锅底脐部宜突出，便于集中火力。锅底脐部突出，水就能在锅中央沸腾；水在锅中央沸腾，茶末就容易沸扬；茶末容易沸扬，煮出的茶汤就醇香。洪州人用瓷制锅；莱州人用石制锅。瓷锅和石锅都是雅致的器物，但不够牢固结实，难以长久使用。用银制锅，莹洁雅致，却也奢侈华丽。雅致归雅致，莹洁归莹洁，如果讲究经久耐用，还是铁制的好。

交床

交床，以十字交之，剜[①]中令虚，以支鍑也。

【注释】

① 剜（wān）：挖，刻。

【译文】

交床，十字交叉的木架，挖空，用来支撑茶锅。

夹

夹，以小青竹为之，长一尺二寸。令一寸有节，节已上剖之，以炙茶[①]也。彼竹之筱[②]，津润于火，假其香洁以益茶味，恐非林谷间莫之致。或用精铁熟铜之类，取其久也。

【注释】

① 炙茶：烤干、烘焙茶饼。

② 筱（xiǎo）：又名小箭竹，竹的一种，细竹。

【译文】

夹，用小青竹制成，长一尺二寸。一端一寸位置处留竹节，竹节以上剖开，用它夹着茶饼烘焙。这种小青竹被火烤后会渗出竹汁，散发出竹子的清香，能增加茶叶的香气。这种细小的竹子，只怕在山林中才能烘焙茶饼，可以用精铁、熟铜之类制作夹子，这种夹子经久耐用。

纸囊

纸囊，以剡藤纸[①]白厚者夹缝之。以贮所炙茶，使不泄其香也。

【注释】

① 剡（shàn）藤纸：产于浙江剡县，一种用藤为原料制成的纸，洁白有韧性，而且细致，为唐代包茶专用纸。

【译文】

纸囊，用两层又厚又白的剡藤纸缝制而成，用来贮藏烘焙好的茶饼，使茶香不散失。

宣化辽墓壁画《备茶图》（局部）

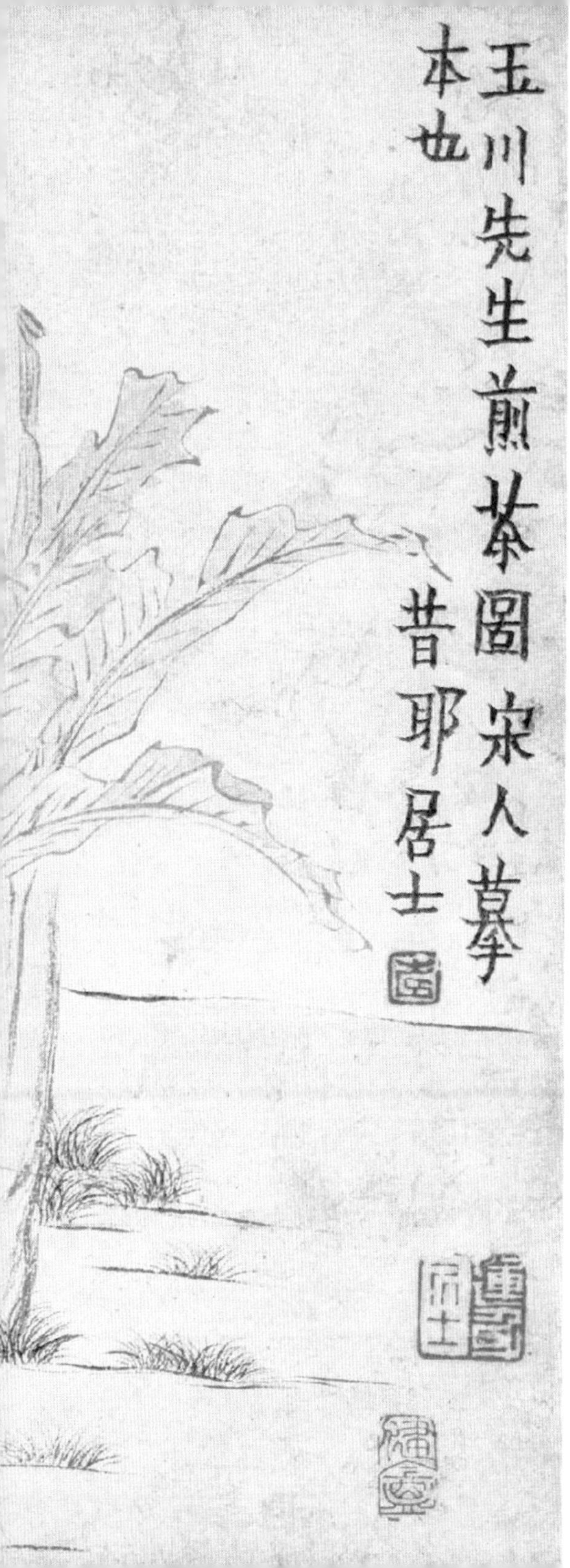

玉川先生煎茶圖宋人摹本也
昔耶居士

《玉川先生煎茶图》

（清）金农一原作　此为宋人摹本　收藏于北京故宫博物院

纸本设色，纵24.4厘米，横31厘米。《山水人物图》册之一。图中描绘出唐代名士卢仝在芭蕉荫下煮泉烹茶，背后山石嶙峋，修竹挺立，一赤脚婢持吊桶在泉井汲水。图中卢仝纱帽笼头，手握蒲扇，目不转睛地注视着火上的茶炉，神形兼备，显示了金农浓重的文人画风格。

碾（拂末）

碾，以桔木为之，次以梨、桑、桐、柘[①]为之。内圆而外方。内圆备于运行也，外方制其倾危也。内容堕[②]而外无余木。堕，形如车轮，不辐而轴[③]焉。长九寸，阔一寸七分。堕径三寸八分，中厚一寸，边厚半寸。轴中方而执圆[④]。其拂末以鸟羽制之。

【注释】

① 柘（zhè）：一种木质坚硬的树木。

② 堕：木头制的碾轮。

③ 不辐而轴：没有辐条，只有车轴。

④ 轴中方而执圆：手柄部分是圆形，轴的中部是方形。

【译文】

碾（含拂末），用橘木制成的最好，还可以用梨、桑、桐、柘木制作。碾内圆外方。内圆，便于滚动；外方，防其倾倒。内部刚好可以容下碾轮，没有多余的空间。碾轮，形状像车轮，没有辐条，只有中间的横轴。轴长九寸，宽一寸七分。直径三寸八分，中厚一寸，边厚半寸。轴的中间是方形的，把手则是圆形的。拂扫茶末的拂末，用鸟的羽毛制成。

罗合[1]

罗末以合盖贮之，以则[2]置合中。用巨竹剖而屈之，以纱绢衣之[3]。其合，以竹节为之，或屈杉以漆之。高三寸，盖一寸，底二寸，口径四寸。

【注释】

① 罗合：罗，指罗筛。合，指竹盒。茶筛与茶盒，由罗、合两部分构成。

② 则：量取茶末的量具。

③ 纱绢衣之：用薄而细腻的丝织品覆盖在上面。

【译文】

罗合，用茶筛筛下来的茶末，用茶盒贮藏，并把量具“则”放进茶盒中。茶筛是用巨大的竹子剖开并弯曲成圆形，再用纱布或丝绢蒙上制成的。茶盒是用竹节制成的，也有用弯曲成圆形的杉木片上漆制成的。茶盒高三寸，其中盒盖高一寸，底高二寸，口径宽四寸。

则

则，以海贝、蛎蛤[①]之属，或以铜、铁、竹匕策[②]之类。则者，量也，准也，度也。凡煮水一升，用末方寸匕[③]。若好薄者减之，嗜浓者增之，故云则也。

【注释】

① 蛎蛤（lì gé）：牡蛎的别称，一种海生动物。

② 竹匕策：匕，勺子，如汤勺。策，用以计算数量的小竹片。用竹子做成的匕或策。

③ 用末方寸匕：需要使用一方寸匕的茶末。

【译文】

则，用海贝、牡蛎之类的贝壳，或用铜、铁、竹制的勺子之类。则，就是称量、标准、度量的意思。这一标准，就是煮一升水，放一方寸匕的茶末。如果喜欢喝淡茶，就减少茶末的量；喜欢喝浓茶，就增加茶末的量。这种量茶的器具被称为“则”。

水方

水方①，以椆木②、槐、楸③、梓④等合之，其里并外缝漆之，受一斗。

【注释】

① 水方：煮茶时使用的贮存水的用具。

② 椆（chóu）木：一种耐寒而不凋零、木质坚固的树木。

③ 楸（qiū）：常用以制作家具，落叶乔木，木材质地致密。

④ 梓：落叶乔木，木材常用来建造房屋和制造器物。

水方，用椆、槐、楸、梓木等木片合制而成，用漆封好里外的缝隙，能装一斗水。

唐代的瓷器典型的造型特点是饱满圆润。这一时期陶瓷制品使用得更为频繁，陶瓷器类增多，唐代社会的习俗风尚对唐瓷的釉色和造型产生了非常大的影响。简单中蕴含着变化，精致而又不失大气，充分体现了唐代风格特色。

饮茶在唐代士大夫、文人之间非常流行，都以饮茶为韵事。不仅在茶叶烹制方法和色香味上特别讲究，对茶具也非常重视。

唐代用来饮食的碗与现代碗的造型基本相似，一般都是平底、深腹、直口。而茶碗则精巧便携，器身浅器形小，器壁呈斜直形，敞口浅腹，适于饮茶。例如邢窑和越窑的茶碗，制作精良，釉色莹润，造型风格又各有特点。

花鸟釉茶碗

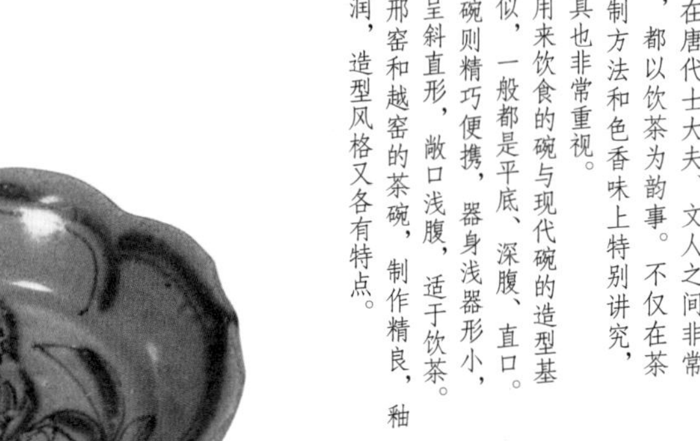

瓷釉茶碗

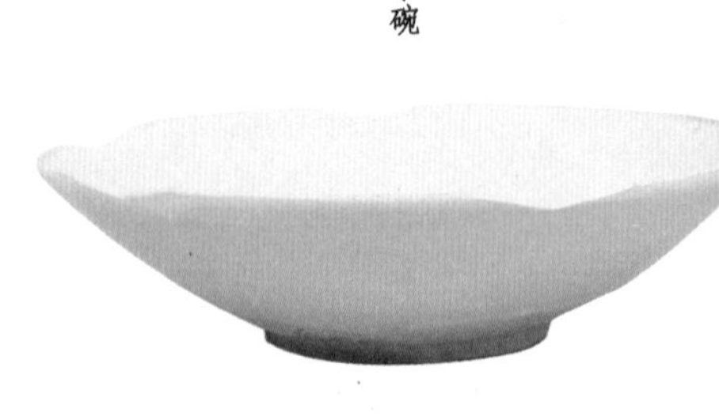

琉璃釉茶碗（瑶州制）

五代茶碗

瓷釉茶碗

卖茶翁
选自《卖茶翁茶器图》册 ［日］木村孔阳氏 收藏于日本早稻田大学

漉水囊

漉水囊①，若常用者。其格以生铜铸之，以备水湿，无有苔秽腥涩意②。以熟铜苔秽，铁腥涩也。林栖谷隐者③，或用之竹木。木与竹非持久涉远之具，故用之生铜。其囊，织青竹以卷之，裁碧缣④以缝之，钮翠钿⑤以缀之，又作绿油囊⑥以贮之。圆径五寸，柄一寸五分。

【注释】

① 漉（lù）水囊：一种用来过滤水的袋子。

② 苔秽腥涩意：铁腥味和青苔一样的铜锈。

③ 林栖谷隐者：隐居山林的人。

④ 碧缣（jiān）：多用两种丝绢织成，青绿色的绸缎。

⑤ 翠钿（diàn）：一种用翠玉制成的饰品。

⑥ 绿油囊：一种用绿油布做成的袋子，可以防止漏水。

【译文】

漉水囊，就如同平常使用的一样。它的隔断必须用生铜铸造，这样就不会被水泡湿后留下铜锈和腥涩的味道。如果用熟铜铸造，容易生铜锈；用铁铸造，则容易产生腥涩的味道。在密林和山谷中隐居的人，还可以用竹片或木条制作。但无论木制的还是竹制的漉水袋都不耐用，也不方便远行时随身携带，因此还是要用生铜铸造。漉水的袋子，用青竹片卷制而成，裁一小块碧绿色的丝绢缝在上面，可以装饰翠玉饰品，再缝一条贮水用的绿色的油绢袋。漉水袋口径宽五寸，手柄长一寸五分。

瓢

瓢，一曰牺杓[①]。剖瓠[②]为之，或刊木[③]为之。晋舍人杜育[④]《荈赋》云："酌之以匏[⑤]。"匏，瓢也。口阔，胫薄，柄短。永嘉[⑥]中，余姚人虞洪入瀑布山采茗，遇一道士，云："吾，丹丘子[⑦]，祈子他日瓯牺[⑧]之余，乞相遗也。"牺，木杓也。今常用以梨木为之。

【注释】

① 牺杓（xī sháo）：杓，同"勺"。瓢的别称，舀水注汤时使用的茶器。

② 瓠（hù）：一年生草本植物，茎蔓生，夏天开白花，果实长圆形，嫩时可食；也指这种植物的果实。果实即葫芦，也称匏瓜。

③ 刊木：雕刻木头。

④ 杜育（?—311）：又名杜毓，字方叔，曹魏平阳乡侯杜袭之孙，"金谷二十四友"之一，西晋文官，襄城郡定陵县（今河南省叶县）人。自幼聪慧，号称神童。风姿俊美，颇有才藻，人称"杜圣"，交好外戚贾谧。晋惠帝永兴年间，拜汝南太守。晋怀帝即位，出任右军将军、国子祭酒。永嘉之乱（311年），洛阳城破，遇害身亡。著有文集二卷，其中《荈赋》仅留残卷，为中国最早专门歌吟茶事的诗赋类作品。

⑤ 匏（páo）：匏瓜就是葫芦。

⑥ 永嘉：西晋怀帝年号（307—313）。

⑦ 丹丘子：道士仙人的统称，因炼仙丹而名。

⑧ 瓯（ōu）牺：饮茶所用的杯勺。

【译文】

瓢，又叫牺、杓，把葫芦剖开即成，也可以掏空木头制成。西晋中书舍人杜育在《荈赋》中写道："酌之以匏。"匏，就是瓢，口径大，瓢身薄，手柄短。西晋永嘉年间，余姚人虞洪去瀑布山采茶，遇到一个道士，道士对他说："我是丹丘子，希望以后你的杯里有多余的茶汤，能够分一些给我。"牺，就是木杓。现在常用的瓢，是用梨木制成的。

竹筴

竹筴，或以桃、柳、蒲葵木为之，或以柿心木为之。长一尺，银裹两头。

【译文】

竹筴，长一尺，两端以银包裹，即竹夹。有的用桃、柳、蒲葵木制成，有的用柿心木制成。

《惠山煮泉图》

（明）钱谷　收藏于中国台北故宫博物院

纸本浅设色，66.6厘米x33.1厘米。描绘了画家与朋友们在无锡的惠山取泉煮茶的雅事。好友四人品茶赏景谈天，两个小童子在另两棵松下扇火备茶。

鹾簋（揭）

鹾簋[1]，以瓷为之，圆径四寸，若合形。或瓶或罍[2]，贮盐花[3]也。其揭，竹制，长四寸一分，阔九分。揭，策[4]也。

【注释】

① 鹾簋（cuó guǐ）：鹾，盐，《礼记·曲礼》曰：“盐曰咸鹾。” 簋，古代盛食物的圆口竹器。盐罐子。

② 罍（léi）：一种形状像大壶的酒樽。

③ 盐花：细盐。

④ 策：古代以竹片或木片记事著书，成编的称为“策”。

【译文】

鹾簋（含揭），用瓷制成，圆形口径四寸，形状像盒子，或者瓶子、酒壶，用来贮存细盐粒。揭用竹制成，长四寸一分，宽九分。揭，是取盐用的长竹片。

熟盂

熟盂，以贮熟水。或瓷或沙，受二升。

【译文】

熟盂，用来贮存开水。以瓷或陶制成，能装水二升。

碗

碗，越州上，鼎州次，婺州[①]次，岳州次，寿州、洪州[②]次。或者以邢州[③]处越州上，殊为不然。若邢瓷类银，越瓷类玉，邢不如越一也；若邢瓷类雪，则越瓷类冰，邢不如越二也；邢瓷白而茶色丹，越瓷青而茶色绿，邢不如越三也。晋杜育《荈赋》所谓："器择陶拣，出自东瓯[④]。"瓯，越也。瓯，越州上。口唇不卷，底卷而浅，受半升已下。越州瓷、岳瓷皆青，青则益茶，茶作白红之色。邢州瓷白，茶色红；寿州瓷黄，茶色紫；洪州瓷褐，茶色黑；悉不宜茶。

【注释】

① 越州、鼎州、婺州：唐时越窑主要在余姚，所产青瓷极名贵。越州，治所在今浙江绍兴地区。鼎州，治所在今陕西泾阳三原一带。婺州，治所在今浙江金华一带。

② 岳州、寿州、洪州：治所分别在今湖南岳阳、安徽寿县、江西南昌，皆唐代州郡名。

③ 邢州：治所在今河北邢台一带，唐代州郡名。

④ 东瓯：特指越族东瓯人所在的温州或浙江南部地区。古代越族的一支，亦称瓯越。

【译文】

碗，越州出产的是上品，鼎州、婺州的次之，岳州出产的次之，寿州、洪州出产的次之。我不认为邢州出产的茶碗质地比越州出产的好。如果说邢瓷像银子，那么越瓷就像玉，这是邢瓷不如越瓷的第一个地方；如果说邢瓷像雪，那么越瓷就像冰，这是邢瓷不如越瓷的第二个地方；邢瓷色白，所盛茶汤呈红色，越瓷色青，所盛茶汤呈绿色，这是邢瓷不如越瓷的第三个地方。西晋杜育在《荈赋》中写道："器择陶拣，出自东瓯。"瓯，即越州，被称为瓯的瓷器，也是越州的为上品。碗口不卷边，碗底卷而碗身浅，容量不足半升。越州瓷和岳州瓷都是青色的，青色能衬托茶汤颜色。邢州瓷白，茶汤红；寿州瓷黄，茶汤紫；洪州瓷褐，茶汤黑；都不宜盛装茶汤。

畚

畚[①]，以白蒲[②]卷而编之，可贮碗十枚。或用筥，其纸帊[③]以剡纸夹缝令方，亦十之也。

【注释】

① 畚（běn）：一种竹或蒲草制品，用于盛放茶碗，即簸箕。

② 白蒲：菖蒲草，白色的蒲草。

③ 纸帊（pà）：包裹茶碗的纸帕。

【译文】

畚，是一种用白蒲草卷拢编织而成的器皿，可装茶碗十个。筥也可以用。用双层剡藤纸缝合成方形的纸帕，也能装十个茶碗。

札

札，缉栟榈皮[①]，以茱萸[②]木夹而缚之，或截竹束而管之，若巨笔形。

【注释】

① 缉栟榈皮：栟榈，即棕榈。用棕榈树皮纤维搓揉成线。

② 茱萸：又名“越椒”“艾子”，一种常绿带香的植物，具备杀虫消毒、逐寒祛风的功能，用以辟邪。中国有九月九日重阳节佩茱萸的岁时风俗，唐代王维《九月九日忆山东兄弟》诗：“遥知兄弟登高处，遍插茱萸少一人。”

札，把棕榈树皮纤维捻成线条，用茱萸木夹住并绑紧，或者砍一段竹子，在竹管中扎上棕榈丝条，看上去像一支大毛笔。

涤方

涤方，以贮洗涤之余。用楸木合之，制如水方，受八升。

【译文】

涤方，用来存储洗涤使用过的水，用楸木板拼合而成，制作方法与“水方”一样，可以装八升水。

滓方

滓方，以集诸滓，制如涤方，处五升。

【译文】

滓方，用来装各种茶渣，制作方法与“涤方”一样，可以装五升。

巾

巾，以絁布[1]为之。长二尺，作二枚，互用之，以洁诸器。

【注释】

① 絁（shī）布：质地粗糙的绸布。粗绸。

【译文】

巾,用粗绸制成。长二尺,制作两条,用它清洗各种器具,交替使用。

具列

具列，或作床[1]，或作架。或纯木、纯竹而制之，或木或竹，黄黑可扃[2]而漆者。长三尺，阔二尺，高六寸。具列者，悉敛诸器物，悉以陈列也。

【注释】

① 床：此处特指放置相关茶器的平板或木架。

② 扃（jiōng）：开关并锁住的门闩。

【译文】

具列，可以做成架子或者床的样子。有的用纯木制作，有的用纯竹制作，也有的兼用木、竹，留一道可以闩住的门，涂上黄黑色的漆。长三尺，宽二尺，高六寸。因为它可以摆放陈列各种器具，所以叫作“具列”。

都篮

都篮，以悉设诸器而名之。以竹篾内作三角方眼，外以双篾阔者经之，以单篾纤[①]者缚之，递压双经[②]，作方眼，使玲珑。高一尺五寸，底阔一尺，高二寸，长二尺四寸，阔二尺。

【注释】

① 纤：细。

② 双经：两条纵隔的经线。

【译文】

都篮，因能存放各种器具而得名。都篮用竹篾片制成，里面编织一些方形或三角形的孔，外面压上两条宽篾条作为经线，用细单篾条压住两条宽篾条，形成方形，使之看上去精致美观。都篮高一尺五寸，底部宽一尺，高二寸，长二尺四寸，宽二尺。

茶器图

选自《卖茶翁茶器图》［日］木村孔阳氏　收藏于日本早稻田大学

描绘了卖茶翁（高游外）33件彩绘木刻的茶具，非常精细。由此可以认识到唐宋古器形制的大概面貌。卖茶翁，日本江户时代人，原名柴山元昭（1675—1763）。曾出家后还俗，对外以高游外自称。他在相国寺一带自带茶具卖茶，并在茶亭前的竹筒上写着：『百两不嫌多，半文不嫌少，白喝也可以，只是不倒找』，承袭明朝的瀹茶法是他终其一生所推广的饮茶方式。卖茶翁晚年宾客盈门，他的各种饮茶用具被有功利心的人大肆收集。在他81岁时的9月4日，卖茶翁送给好友4件挑选好的紫砂茶具，将剩下的茶具全部烧毁。89岁坐化而去，他的行为与人生哲学对当时的茶人、画家、诗人产生了巨大的影响。

烏楦

中村文輔銘

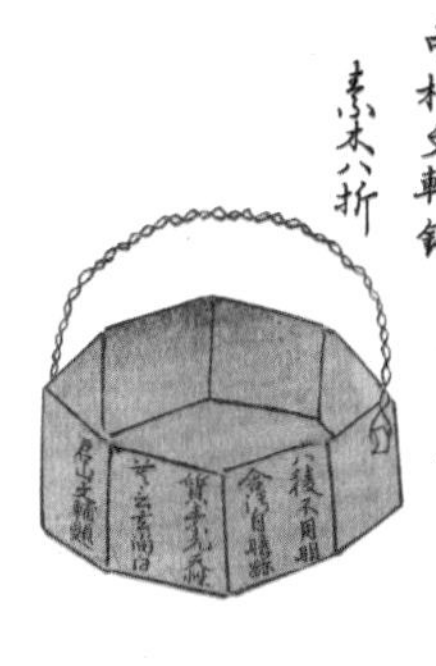

錢筒

自題

高翁在世自燒捨

爐籠

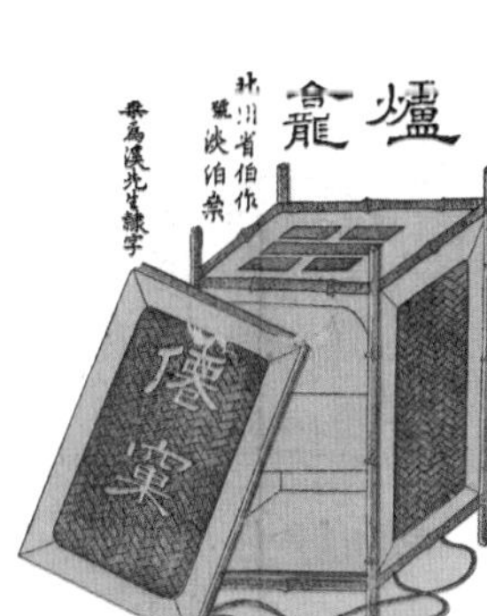

灰爐

唐物古銅

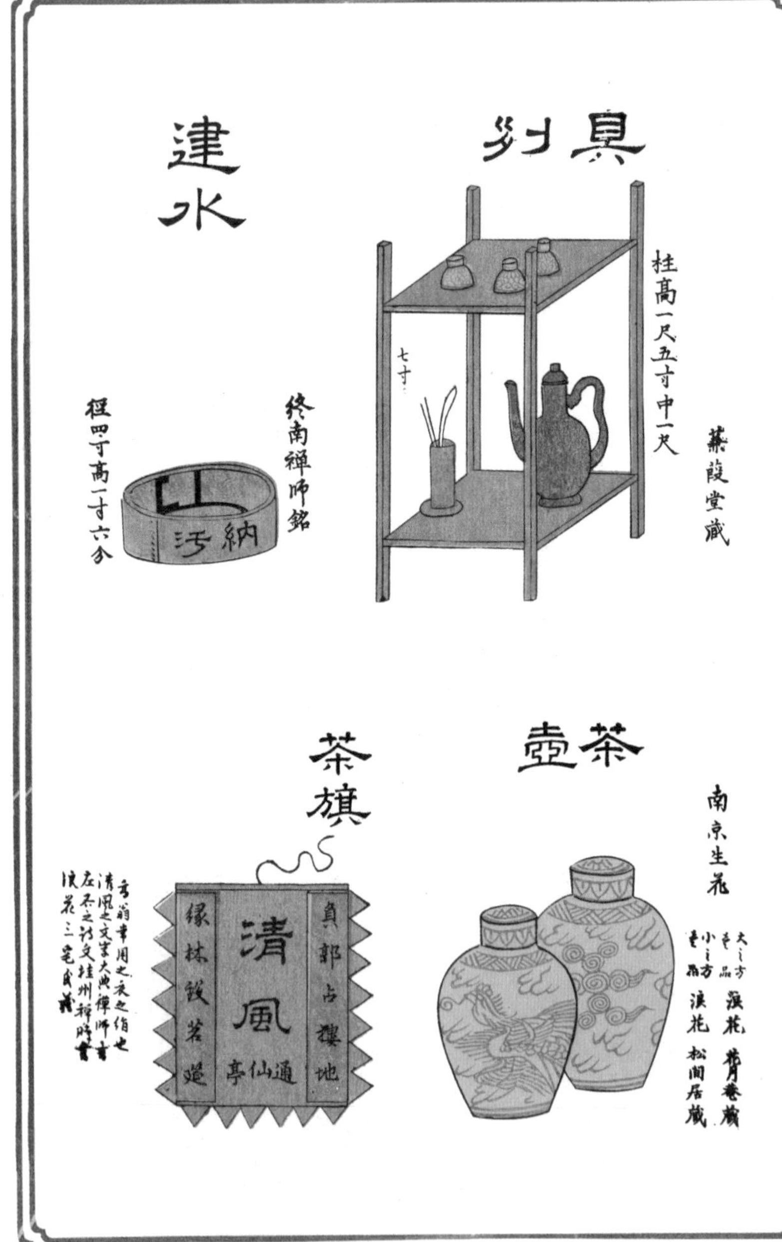

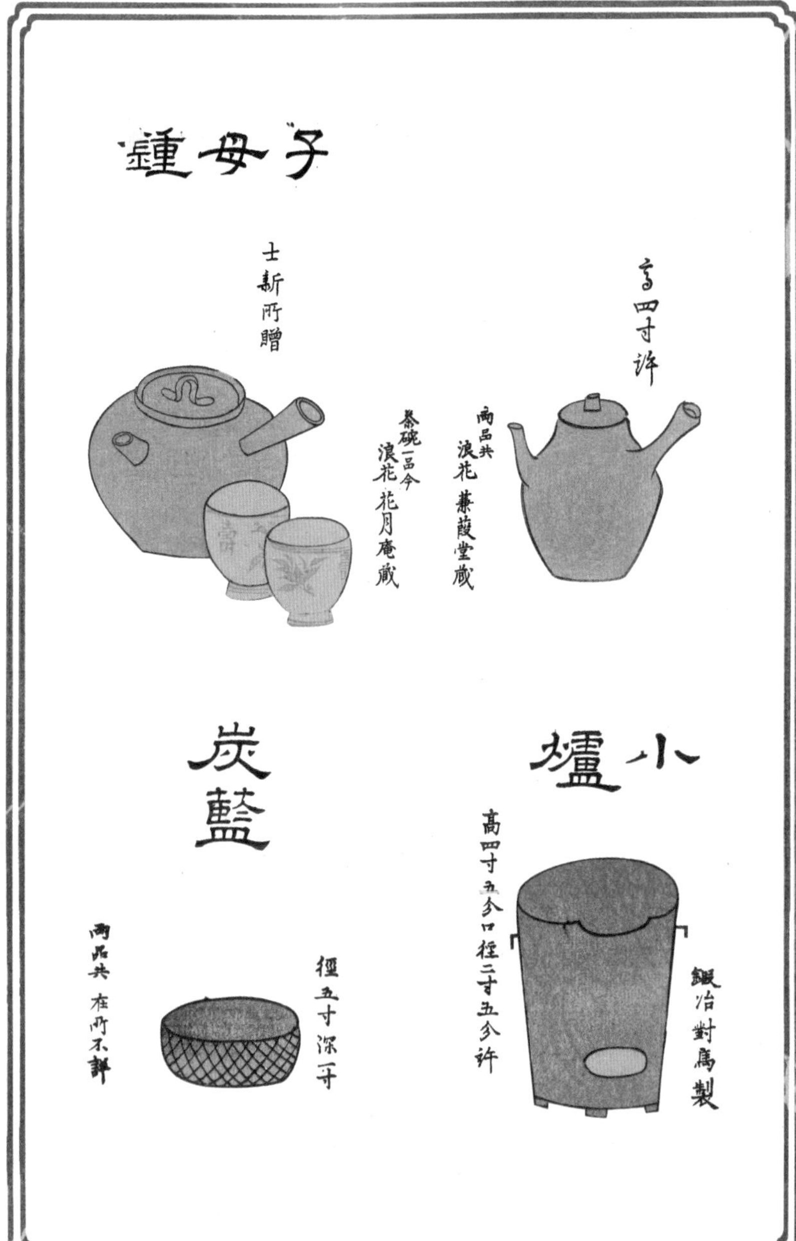
子母鍾
士蘄所贈
高四寸許
兩品共 浪花 蒹葭堂蔵
茶碗一品今 浪花 花月庵蔵
小爐
高四寸五分口径二寸五分許
鍛冶對馬製
炭籃
徑五寸深一寸
兩品共 在所不詳

评述

此前第二篇“之具”记载了十六种制茶工具，卷中单列一篇“之器”，是重点提示，表明这是全书的重点，重点中的重点。这里对应讲一套二十五种饮用器具。

通常意义上的“陆氏二十四器”（实为二十五种或二十八种），按照使用功能，可以分为七类。

一、火器：即生火烧水器具，包括风炉、灰承、筥、炭挝、火筴。

二、煮茶器：即烤茶、碾茶、量茶和煮茶器具，包括鍑、交床、夹、纸囊、碾（含拂末）、罗合、则、竹筴。

三、水器：即盛水、滤水和取水器具，包括水方、漉水囊、瓢、熟盂。

四、盐器：即盛盐和取盐的器具，包括鹾簋、揭。

五、饮茶器：即盛茶和饮茶的器具，包括碗、札。

六、摆器：即用于盛放和摆设茶器的器具，包括畚、具列、都篮。

七、渣器：即洗涤和清洁用的器具，包括涤方、滓方、巾。

可以说，陆羽记载了二十五种煮茶、饮茶器具，这些煮茶、饮茶的器具都是由他本人亲自研发制作或组织规范的。从名正言顺地刻着“伊公羹、陆氏茶”的风炉开始，依次描述了风炉（含灰承）、筥、炭挝、火筴、鍑、交床、夹、纸囊、碾（含拂末）、罗合、则、水方、漉水囊、瓢、竹筴、鹾簋（含揭）、熟盂、碗、畚、札、涤方、滓方、巾、具列、都篮的形状、用途、材质及使用方法。

陆羽亲自设计的风炉，以鼎制器，三足两耳，造型独特，寄意深远。好一个“伊公羹、陆氏茶”，伊尹的厨艺，陆羽的茶器！与商朝重臣、“中华厨神”并列，可见作者自视甚高。如果不是谙熟门道，哪里来的勇气，敢于如此自诩?！

茶是一场盛放的爱情。创始日本茶道的连歌师、千利休的老师武野绍鸥（1502—1555）展示了一种对待茶器的态度：“安放饮茶器具的手，要有和爱人分离的心情。”也就是说，在饮茶时，一个小小的取茶动作，都要饱含深情，这才算没有白泡一场茶。茶器是安静的，它在提醒生命的自在与欢愉。

日本“民艺之父”柳宗悦在《茶与美》中更是感叹道：“所有的美的茶碗都是顺从于自然的器物。……运作法则的是自然，但是能看到法则就等同于鉴赏。”还有一种高论说道：陆羽《茶经》里的“二十四茶器”，代表的是二十四节气；两种茶器为一组，一阴一阳，代表一年十二个月，一日十二时辰；六种茶器为一组，代表一年四季的四时流变……不知道具体怎么分，只觉得有意思。如此说来，八种茶器为一组，是否就该代表天地人三才、日月星三光了呢?

如此附会，想必并非陆羽本意。之所以“器无巨细”地记下二十多种茶器具，大约不会表示天地五方或者阴阳五行，想来也非作者要当什么“茶道艺术家”，日用而已。

日用即道。

卷下 · 五之煮

凡炙茶，慎勿于风烬间炙，熛焰[①]如钻，使凉炎不均。持以逼火，屡其翻正，候炮（普教反）[②]。出培塿[③]，状虾蟆背[④]，然后去火五寸。卷而舒，则本其始，又炙之。若火干者，以气熟止；日干者，以柔止。

【注释】

① 熛（biāo）焰：火苗乱窜，火星迸飞。

② 炮（páo）：用火烘烤。

③ 培塿（lǒu）：形容状如蛤蟆背部的小疙瘩。小土堆。

④ 虾蟆背：像蛤蟆背部的形状一样。有很多丘泡，不平滑，形容茶饼表面起泡如蛤蟆背。

【译文】

烘烤茶饼时，风会将火苗吹歪，也会吹出四溅的火星，使烤出的茶饼受热不均，所以不要在迎着风的余火上烤炙。正确的做法是，夹住茶饼靠近火焰，不断翻烤，直到茶饼表面烤出像蛤蟆背部一样的小疙瘩，放到距离火五寸的地方。直到茶叶舒展后再按上述方法烤炙一次。如果用火烘干的茶饼，要烤到出香气为止；如果用晒干的茶饼，要烤到柔软为止。

《竹院品古图》（局部）

选自《人物故事图》册 （明）仇英 收藏于北京故宫博物院

绢本设色，纵41.4厘米×横33.8厘米。描绘了暮春三月时节，主人邀约几位好友，在家中竹院内烹泉品茗、鉴珍玩古、抚琴雅游的景象。围屏内的人物活动是此幅画作的主题。仇英精密排布各式家具、人物、古玩、风光，将一幅繁盛丰美的文人雅集图卷展现在观者眼前。主画面之外，另有两处精绝小景：一处在远处竹荫下，一童子正在收拾棋盘；一处在近处主人屏风后，另一童子正在煮茶，桌角处三只带托斗笠盏已备好。

其始，若茶之至嫩者，蒸罢热捣，叶烂而芽笋存焉。假以力者，持千钧杵亦不之烂，如漆科珠[①]，壮士接之，不能驻其指。及就，则似无穰骨[②]也。炙之，则其节若倪倪[③]如婴儿之臂耳。既而，承热用纸囊贮之，精华之气无所散越，候寒末之。（末之上者，其屑如细米；末之下者，其屑如菱角。）

【注释】

① 漆科珠：科，同“颗”，用斗称量。意为用漆斗量珍珠，滑溜难量。

② 穰（ráng）骨：泛指小麦和谷类作物的茎秆。穰，也作“穣”。

③ 倪倪：微弱的样子。

【译文】

在开始制茶的时候，须把鲜嫩的茶叶蒸熟后趁热舂捣，即使叶片被捣碎茶梗还是硬挺的。靠蛮力，用千斤重锤也捣不烂，就像再有劲的人也无法捏住涂了漆的珠子一样。捣好之后的茶叶，就像没有茎杆一样。烘烤这样的茶饼，芽笋像婴儿的手臂一样柔软。烘烤好的茶饼要趁热装进纸袋里，防止茶香散失，待茶冷却后再碾成茶末。（原注：上等的茶末，碎屑如细米；下等的茶末，碎屑如菱角。）

其火，用炭，次用劲薪。（谓桑、槐、桐、枥之类也。）其炭，曾经燔炙，为膻腻所及，及膏木[1]、败器，不用之。（膏木为柏、松、桧也。败器，谓杇[2]废器也。）古人有劳薪之味[3]，信哉！

【注释】

① 膏木：富含油脂的树木。

② 杇（wū）：沾染，涂抹。

③ 劳薪之味：用典，出自《晋书·荀勖传》。《世说新语·术解》里说了一个典故：荀勖尝在晋武帝坐上食笋进饭，谓在坐人曰："此是劳薪炊也。"坐者未之信，密遣问之，实用故车脚。指用旧车轮之类烧烤食物，食物会有异味。

【译文】

烤茶饼、煮茶汤，用木炭火是最好的，火力强的柴火则次之。（原注：指桑、槐、桐、枥之类的木材。）烤过肉类后沾染了腥膻油腻气味的木炭不能使用，本身富含油脂的木料以及朽坏腐烂的木器更不能使用。（原注：富含油脂的木材，指的是柏、松、桧等。败器，指的是涂过油漆或者已经腐烂的木器。）古人说用腐烂的木器烧火煮食物会有怪味，所谓"劳薪之味"，确实如此。

由多景樓故址以觀江滸居二日而退舟
甲申宿丹徒乙酉宿毘陵丙戌晨飯于舟
中起拜學諭公于官舍時予重之舟至自
茅山徵明優約優吉至自蘇先已館鄭公
鄭公以吾七人燕獲周覽于三白氏之園
丁亥暴風雨戊子為二月十九清明日少
雨求無錫未遠惠山十里天忽霽日午造
泉所乃舉王氏鼎立二泉亭下七人者環
亭坐注泉于鼎三沸而三啜之識水品之
高仰古人之趣各陶陶然不能去矣於戲
勝哉白日之力有過者造造者適又獲與
其友共矣顧視疇昔何如哉然世之熟視
吾輩則不能無疑以為無情於山水泉石
非知吾者也以為有情於山水泉石非知
吾者也諸君子稷高器也為 大朝和
九鼎而未偶姑適意於泉石以陸羽為歸
將以羞時之樂紅粉奔權倖角錙銖者耳
劉諸君屋漏則養德蟄居則講藝清志慮
開聰明則滌之以茗游于丘息于池用全
吾神而高起于物茲豈陸子所能至哉固
曾點之趣也會成賦詩冠以序正德十三
年戊寅二月清明日林屋山人蔡羽撰

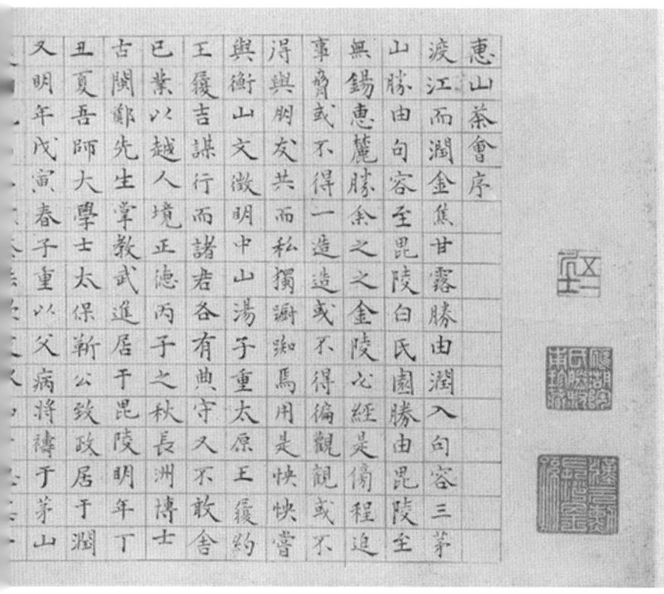

惠山茶會序
渡江而潤金焦甘露勝由潤入句容三茅
山勝由句容至毘陵白氏園勝由毘陵至
無錫惠麓勝余之之金陵必經是倚程迫
事齎或不得一造造或不得徧觀觀或不
得與朋友共而私獨澥逅焉用是怏怏嘗
與衡山文徵明中山湯子重太原王履約
王履吉謀行而諸君各有典守又不敢舍
已業以越人境正德丙子之秋長洲博士
古閩鄭先生掌教武進居于毘陵明年丁
丑夏吾師大學士太保靳公致政居于潤
又明年戊寅春子重以父病將禱于茅山

《惠山茶会图》

（明）文徵明　收藏于北京故宫博物院

正德十三年（1518）二月十九日，文徵明与好友汤珍、蔡羽、王守、王宠等人至无锡惠山游览，喝茶品茗，吟诗唱和，相谈甚欢，事后便创作了这幅记叙性作品。画中共有八人，五主三仆，在一片松林中有座茅亭，茅亭旁竹炉已架好，侍童正忙着布置茶具，准备烹茶；亭榭内两位茶人围井而坐，正端坐待茶；其余或在观看童子煮茶，或散步林间，赏景交谈。

其水，用山水上，江水中，井水下。（《荈赋》所谓："水则岷方之注，挹[1]彼清流。"）其山水，拣乳泉、石池漫流者上。其瀑涌湍漱[2]，勿食之。久食，令人有颈疾。又多别流于山谷者，澄浸不泄，自火天至霜郊[3]以前，或潜龙蓄毒于其间，饮者可决之，以流其恶，使新泉涓涓然，酌之。其江水，取去人远者。井，取汲多者。

【注释】

① 挹（yì）：舀取。

② 其瀑（bào）涌湍漱：瀑，同"暴"，水花飞溅的样子。指山谷中激流而来的急水。

③ 自火天至霜郊：从立夏到霜降。火天，酷暑时节。《诗经·七月》："七月流火。"霜郊，秋末冬初霜降大地，在农历九月下旬，即二十四节气中的"霜降"。

【译文】

煮茶的水，山水最好，其次是江水，井水最次。（原注：《荈赋》说："如同用瓢舀取注入岷江的清流。"）煮茶的山水，最好选取钟乳石的滴水和石池中漫流出来的水。不能用山谷中激流而下的急水，长时间饮用这种水会使人患上"大脖子"的颈部病。许多小溪汇流停蓄于山谷中的水也不能用，这种水看上去澄澈，但不流动，从立夏到霜降，会有潜游的虫蛇在水中吐毒，饮用时须先挖开缺口，让有毒的水流走，取饮涓涓而入的新泉水。江河水要到远离人烟的地方去取；井水则要在经常使用的井中汲取。

《乔林煮茗图》
（明）文徵明　收藏于中国台北故宫博物院

其沸，如鱼目[1]，微有声，为一沸；缘边如涌泉连珠，为二沸；腾波鼓浪，为三沸。已上水老，不可食也。初沸，则水合量调之以盐味，谓弃其啜余。（啜，尝也，市税反，又市悦反。）无乃䱇䲶[2]而钟其一味乎？（上古暂反，下吐滥反，无味也。）第二沸，出水一瓢，以竹筴环激汤心，则量末当中心而下。有顷，势若奔涛溅沫，以所出水止之，而育其华也。

【注释】

① 如鱼目：后人又称“蟹眼”。水初沸时，水面有许多小气泡，像鱼眼，故称鱼目。

② 䱇䲶（gán tán）：没有味。

清代洋彩御制诗文海棠式绿地茶盘
收藏于中国台北故宫博物院

【译文】

生水煮熟时会浮起鱼眼一样的沸泡，并伴有轻微的咕嘟声，此为“一沸”；锅边缘的沸泡像连起来的珍珠一样，此为“二沸”；“三沸”是水像波浪一样翻滚。再继续煮，水就煮老了，不宜饮用。一沸时，预估水量，用盐调味，将尝过剩下的水倒掉。（原注：啜，尝的意思，市税反，又市悦反。）切不可因盐废水，一味喜欢咸！（原注：上，古暂反，下，吐滥反。意思是没有味道。）二沸时舀出一瓢水备用，用竹筷在水中转圈搅动，用茶则取适量茶末，从水的漩涡中心倒入。很快，茶汤翻滚，茶水四溅如奔涛，再把二沸时舀出来的水加进锅里止沸，保住茶汤表面生成的汤花精华。

清代洋彩开光御制诗文绿地茶壶
收藏于中国台北故宫博物院

凡酌，置诸碗，令沫饽[①]均。(《字书》并《本草》：饽，均茗沫也。蒲笏反。）沫饽，汤之华也。华之薄者曰沫，厚者曰饽，轻细者曰花。如枣花漂漂然于环池之上，又如回潭曲渚青萍之始生，又如晴天爽朗有浮云鳞然。其沫者，若绿钱[②]浮于水渭[③]，又如菊英堕于樽俎[④]之中。饽者，以滓煮之，及沸，则重华累沫，皤皤然[⑤]若积雪耳。《荈赋》所谓"焕如积雪，晔若春敷[⑥]"，有之。

【注释】

① 沫饽（pú）：浮在茶汤上的泡沫。

② 绿钱：指青苔或像青苔一样的水草。苔藓。

③ 水渭：渭，即湄，《说文解字》："湄，水草交为湄。"有水草的河边。

④ 樽（zūn）俎：樽是酒器，俎是砧板。各类餐具。

⑤ 皤皤（pó）然：满头白发的样子，这里形容白色水沫。

⑥ 晔若春敷（fū）：晔，光辉明亮。敷，也作蘛，花的统称。《集韵》："蘛，花之通名。"光艳若春花。

茶馆
选自《清明上河图》（宋）张择端 收藏于北京故宫博物院

【译文】

饮茶时，茶汤与茶沫都要均分到各个碗中。（原注：《字书》和《本草》均记载："沫、饽，指的都是茶沫。"饽，音为蒲笏反切而成。）茶汤的汤花和精华就是沫饽：薄的为沫，厚的为饽，轻细的为花。茶沫像杯中舒展的菊花，又像水边漂浮的青苔。茶花像浮萍漂游于回环曲折的小洲边，像枣花轻漂于池塘中，又像晴朗天空中的鱼鳞云。饽是用茶渣煮出来的，煮沸时，层层汤花就会堆积起来，白花花的像积雪一样。《荈赋》将汤花形容为"明亮如积雪，光艳若春花"，真是这样的。

《茶树》（清）佚名

第一煮水沸，而弃其沫之上有水膜如黑云母[①]，饮之则其味不正。其第一者为隽永，（徐县、全县二反。至美者曰隽永。隽，味也。永，长也。味长曰隽永。《汉书》：蒯通著《隽永》二十篇也。）或留熟盂以贮之，以备育华救沸之用。诸第一与第二、第三碗次之，第四、第五碗外，非渴甚莫之饮。凡煮水一升，酌分五碗。（碗数少至三，多至五；若人多至十，加两炉。）乘热连饮之，以重浊凝其下，精英浮其上。如冷，则精英随气而竭，饮啜不消亦然矣。

【注释】

① 黑云母：为硅酸盐矿物，云母类矿物中的一种。黑云母的颜色从黑到褐、红色或绿色都有，具有玻璃光泽。形状为板状、柱状。黑云母主要产出于变质岩中，在花岗岩等其他岩石中也都存在。

【译文】

水第一次煮沸时，如果水沫上有一层黑云母般的水膜，应先将其撇掉，否则茶味不佳。第一次舀出的茶汤味道香醇，回味绵长，称为隽永。（原注：隽，音为“徐县”或“全县”反切而得。最美的味道，才能称为隽永。隽，指的是味道。永，指的是绵长。味美且绵长为隽永。《汉书》记载有蒯通著《隽永》二十篇。)为了保养茶沫汤花和防止沸腾，可将煮好的茶留在熟盂中贮存。其后舀出的第一、第二、第三碗茶汤，味道会略差一些，第四、第五碗以后的茶汤，除非渴得厉害，否则就不要喝了。煮水一升，分茶五碗。（原注：茶碗一般有三个，最多五个；如果客人超过十个，就加煮两壶。）要趁热接连饮用，因为茶汤中的浊渣沉淀在下面，精华浮在上面。如果茶凉了，精华部分就会随热气散发，喝得再多也没有用。

茶性俭，不宜广，广则其味黯澹[①]。且如一满碗，啜半而味寡，况其广乎！其色缃[②]也，其馨欸[③]也。（香至美曰欸。欸音使。）其味甘，槚也；不甘而苦，荈也；啜苦咽甘，茶也。（《本草》云："其味苦而不甘，槚也；甘而不苦，荈也。"）

【注释】

① 黯澹：指茶味淡薄。同"暗淡"。

② 缃（xiāng）：淡黄色。

③ 欸（shǐ）：香醇可口，人间至味。

《松溪品茗图》
（明）陈洪绶

纵151.5厘米×横76.5厘米，立轴，绢本设色。陈洪绶是中国绘画史上的杰出人物，傅抱石的屈原、戴敦邦的水浒角色等，其书作人物原型的灵感都来自陈洪绶的作品。该画作构图简洁明快，以主体人物为中心，是陈洪绶早期人物画的风格。画中高僧、儒士静穆宏深，襟怀高旷，二童子站立在旁边，颇有『古法渊雅，静穆浑然』之意。构图有繁有简，画面上部分的松枝自上而下，将景致与人物融为一体。全画设色淡雅，彰显了古意的高雅气质。上可与古人为伍，又能创新出奇。

【译文】

茶性俭朴，不宜多加水，水多则茶味淡。即使是一碗茶，喝了一半便觉味道淡了，何况加多了水的茶汤！淡黄色的茶汤，醇香无比，回味无穷。（原注：香醇可口即歁。歁，音为使。）味道不甜且苦涩的，是荈；甜的，是槚；含在嘴里发苦但咽下后回甜的，就是茶了。（原注：《本草》则说："味苦而不甜的，是槚；甜而不苦的，是荈。"）

茶馆
选自《清明上河图》（宋）张择端 收藏于北京故宫博物院

评述

周作人曾在散文《喝茶》中写道:“喝茶当于瓦屋纸窗之下,清泉绿茶,用素雅的陶瓷茶具,同二三人共饮,得半日之闲,可抵十年的尘梦。”

下卷以六篇之巨,详细记载了唐代茶汤煮饮、历代茶事、全国九大茶区、茶器使用等。

第五篇“之煮”,记载了陆羽所处唐代的煮茶全过程:选择很好的炭烘烤茶饼——蒸捣成茶末——选择优质的水源煮茶汤——饮用(分茶与奉茶有讲究)。如今,人们饮茶已不再烘烤茶饼与蒸碾茶末,煮茶流程仅在茶艺节日里被表演,行云流水,一气呵成,依旧是茶道的基本盘。

先说水质。水质决定茶味。明代张大复《梅花草堂笔谈》中描述:“十分茶七分水;茶性必发于水,八分之茶遇十分之水,茶亦十分矣;十分之茶遇八分水,茶亦八分耶。”如果掌控好每一个环节,山泉水煮茶,必出精品;用石池中漫流而出的水和石钟乳上滴下来的水,品质自然不会差,这是陆羽的择水经验。诚然,山坡上植被繁茂,从山岩断层细流汇集而成的山泉，富含二氧化碳和各种对人体有益的微量元素；经过砂石过滤的泉水，水质清净晶莹，含氯、铁等化合物极少，用这种山泉水泡茶，茶的色、香、味、形自然展现得淋漓尽致。

接着讲煮茶。清代《长兴县志》载“紫笋茶、金沙泉”：“顾渚贡茶院侧，有碧泉涌沙，灿如金星”，“清”“活”“轻”“甘”“冽”，逐渐成为煮茶选水的五个标准。

在“山水为上，江水中，井水下”的指导下，不断发现水质上乘的名泉，名泉泡名茶最为相宜，如虎跑泉水泡西湖龙井茶，虎丘石泉泡碧螺春，惠山泉烹小龙团，丹井水泡绿雪芽……

我们再来看看陆羽记载的“三沸煮茶法”：“其沸，如鱼目，微有声，为一沸；缘边如涌泉连珠，为二沸；腾波鼓浪，为三沸。已上水老，不可食也。初沸，则水合量调之以盐味……第二沸，出水一瓢，以竹筴环激汤心，则量末当中心而下。有顷，势若奔涛溅沫，以所出水止之，而育其华也。”陆羽撇掉一道“黑云母”，第一次舀出的茶汤，味道香醇，回味绵长，可称为“隽永”——这个词非常妙！

表述重点是饮用方法，茶汤不宜多加水，加多了，茶味就寡淡了。即使是一碗茶，喝了一半味道就淡了，何况加多了水的茶汤！

继第一篇“之源”里的“精行俭德”之后，本篇又出现了一句“茶性俭，不宜广……”这类适合提升茶道美学的字句。香醇可口的淡黄色茶汤隽永，还需要多说什么呢？

《烹茶图》　（明）唐寅　收藏于美国纽约大都会艺术博物馆

扇面，纵 17.1 厘米 × 横 54 厘米。图中描绘了高山一古树下，一位老者坐于亭中，倚在窗边朝庭外的风景远眺，旁边矮几上放着茶具与书籍，左边一小童正蹲在炉前煮茶，回望老者。

古人云：『饮茶以客少为贵，客众则喧，喧则雅趣乏矣。』唐寅此时已不再热衷于功名，而是向往心如止水的隐居生活。在风和日丽的天气，在轻风吹拂中，以茶以美景为伴，品茶赏景，不再以远游武夷、天台、匡庐诸名山为乐，或以洞庭等水乡为畅。细观画中情与景不禁感叹，这位深知品茶真味的画家将画中人和画中情表现得淋漓尽致。

卷下·六之饮

翼而飞，毛而走，呿[①]而言，此三者俱生于天地间，饮啄以活，饮之时义远矣哉！至若救渴，饮之以浆；蠲[②]忧忿，饮之以酒；荡昏寐，饮之以茶。

【注释】

① 呿（qù）：《集韵》："启口谓之呿。"张口的样子，指会开口说话的人类。

② 蠲（juān）：《史记·太史公自序》："蠲除肉刑。"免除，清除。

【译文】

有翅膀、会飞翔的鸟，有毛皮、能奔跑的兽，有嘴巴、会说话的人，三种生物生活在天地之间，靠的就是饮食维持生命，可见"饮"是多么重要！所以为了解渴，需要饮水；为了消除忧虑悲愤，需要饮酒；为了消解困倦，需要饮茶。

茶之为饮，发乎神农氏[①]，闻于鲁周公[②]。齐有晏婴[③]，汉有扬雄、司马相如[④]，吴有韦曜[⑤]，晋有刘琨、张载、远祖纳、谢安、左思之徒[⑥]，皆饮焉。滂[⑦]时浸俗，盛于国朝，两都并荆俞间[⑧]，以为比屋之饮。

【注释】

① 神农氏：因有后人伪作的《神农本草》等书流传，其中提到茶，故云“发乎神农氏”。传说中的上古三皇之一，后世尊为炎帝，教民稼穑，号神农。

② 鲁周公：名姬旦，周文王之子，辅佐武王灭商，建西周王朝，“制礼作乐”，后世尊为周公，因封国在鲁，又称鲁周公。后人伪托周公作《尔雅》，讲到茶。

③ 晏婴：为齐国名相，字仲，谥“平”，春秋之际大政治家。据说《晏子春秋》有讲到他饮茶的事。

④ 扬雄、司马相如：扬雄见前注。司马相如（前179—前118），字长卿，蜀郡成都人。西汉著名文学家，著有《子虚赋》《上林赋》等。

⑤ 韦曜：三国时人，字弘嗣，在东吴历任中书仆射、太傅等要职。

⑥ 晋有刘琨、张载、远祖纳、谢安、左思之徒：刘琨，曾任西晋平北大将军等职，字越石，中山魏昌（今河北无极县）人。张载，文学家，有《张孟阳集》传世，字孟阳，安平（今

河北深州市）人。远祖纳，即陆纳，吴郡（今江苏苏州）人，东晋时任吏部尚书等职，陆羽与其同姓，故尊为远祖，字祖言。谢安，字安石，陈国阳夏（今河南太康县）人，东晋名臣，历任太保、大都督等职。左思（250—305），著名文学家，临淄（今山东临淄）人，字太冲，代表作有《三都赋》《咏史》诗等。

⑦ 滂：引申为浸润漫透的意思，原意是水势浩大。

⑧ 两都并荆俞间：荆，荆州，治所在今湖北江陵。俞，当作渝，渝州，治所在今四川、重庆一带。两都，长安和洛阳。

【译文】

茶作为一种饮品，发端于上古时期的神农氏，因为周公记载而广为人知。很多名士都喜欢饮茶，包括齐国的晏婴，汉代的扬雄、司马相如，三国时期吴国的韦曜，两晋时期的刘琨、张载、陆纳、谢安、左思等。饮茶经过长期的流传，已经逐渐成为一种习俗，并在唐朝兴盛起来。西安、洛阳东西二都以及江陵、四川、重庆地区，家家户户皆饮茶。

饮有觕[①]茶、散茶、末茶、饼茶者。乃斫、乃熬、乃炀、乃舂，贮于瓶缶之中，以汤沃焉，谓之痷[②]茶。或用葱、姜、枣、橘皮、茱萸、薄荷之等，煮之百沸，或扬令滑，或煮去沫，斯沟渠间弃水耳，而习俗不已。

【注释】

① 觕（cū）茶：觕，同“粗”。粗茶。

② 痷（ān）茶：《博雅》：“痷，病也。” 痷茶，被水浸泡过的茶叶。

【译文】

饮用的茶分为粗茶、散茶、末茶、饼茶。这些种类的茶叶都要经过一番程序加工，如采摘、蒸煮、烘焙、舂碾等，然后贮藏于瓦罐、瓶器中，用开水冲泡，称为痷茶。有的在其中加入葱、姜、枣、橘皮、茱萸、薄荷等，经过长时间熬煮，或煮至扬出茶汤使之柔滑，或煮至沸腾撇掉茶沫，这样的茶汤如同沟渠中的废水，但这种习惯流传至今。

6.7厘米 x 12.7 厘米。

宋代茶盏

宋代茶盏不论『弯与直』的外观线条，都可以张弛有度地组合成优美的器物，完美结合于同一容器，其造型简约而不简单、外观别致淡雅。宋徽宗《大观茶论》有称『盏色贵青黑』，北宋蔡襄在《茶录》中也有云『茶色白宜黑盏』。因此，在宋代，特别重黑釉这类深色茶盏。颇有名气的官窑、建窑、哥窑、定窑、钧窑、龙泉窑、吉州窑等都普遍烧制茶盏，其中建窑、吉州窑烧制的黑釉、褐釉茶盏特别有名。品种有兔毫盏、油滴盏、曜变盏、鹧鸪斑茶盏、剪纸贴花茶盏、木叶纹茶盏等，其自身都带有一种静谧雅致的气质。

吉州窑梅花斗笠茶盏

7.6厘米 x 20.3厘米。

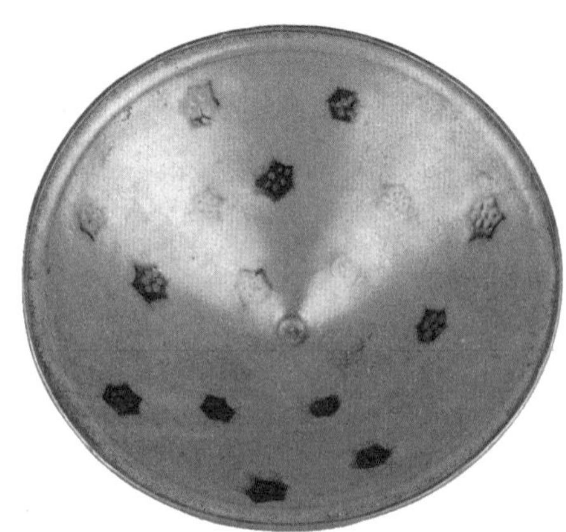

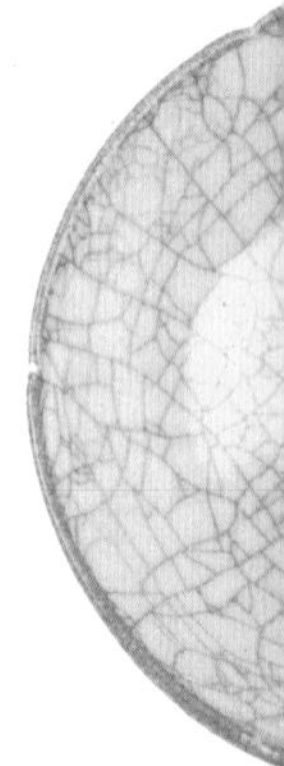

耀州窑刻花茶盏
7厘米 x 19.1 厘米。

吉州窑玳瑁釉茶盏
5.1 厘米 x 14.9 厘米。

哥窑冰裂开片釉茶盏
7.3 厘米 x 19.1 厘米。

吉州窑月影梅花纹茶盏
直径 12.1 厘米。

吉州窑黑釉木叶纹茶盏
5.4 厘米 x 14.3 厘米。

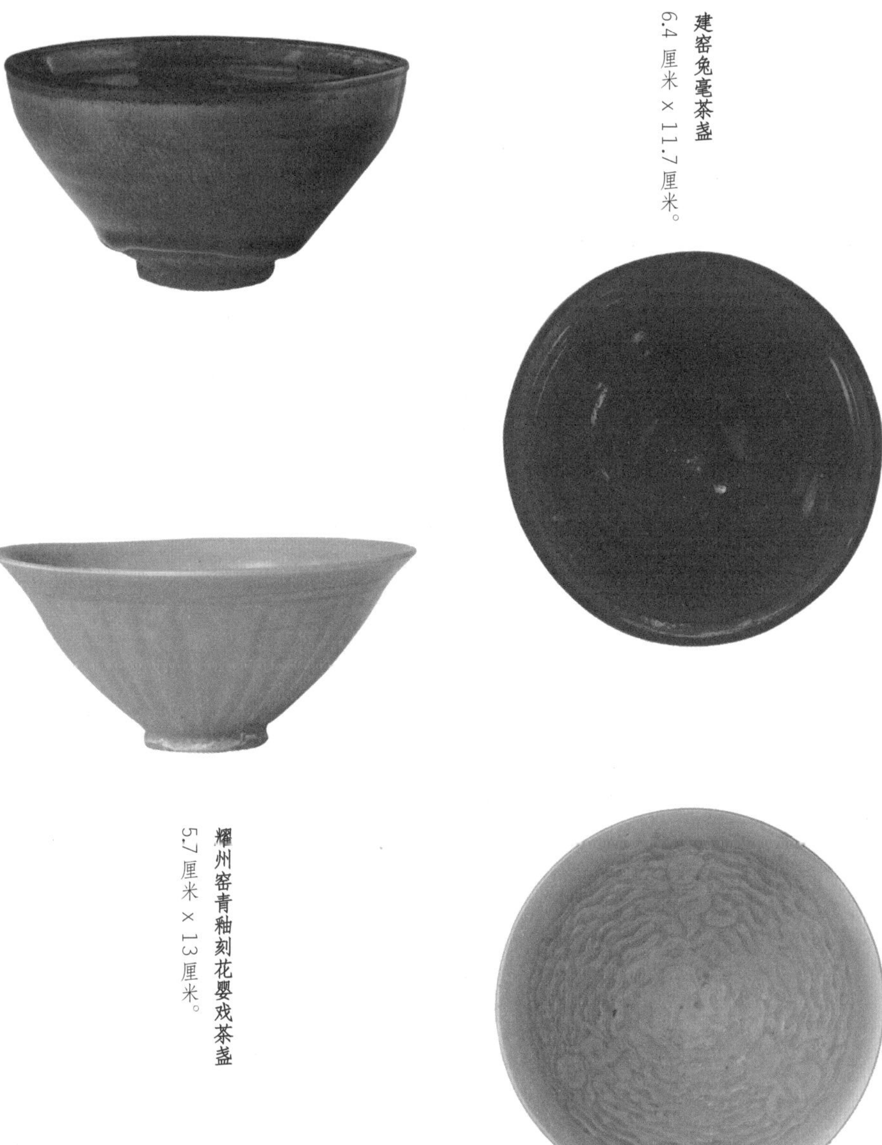

建窑兔毫茶盏

6.4 厘米 x 11.7 厘米。

耀州窑青釉刻花婴戏茶盏

5.7 厘米 x 13 厘米。

於戏！天育万物，皆有至妙。人之所工，但猎浅易。所庇者屋，屋精极；所著者衣，衣精极；所饱者饮食，食与酒皆精极之。茶有九难：一曰造；二曰别；三曰器；四曰火；五曰水；六曰炙；七曰末；八曰煮；九曰饮。阴采夜焙，非造也；嚼味嗅香，非别也；膻鼎腥瓯，非器也；膏薪庖炭，非火也；飞湍壅潦[①]，非水也；外熟内生，非炙也；碧粉缥尘，非末也；操艰搅遽[②]，非煮也；夏兴冬废，非饮也。

【注释】

① 飞湍壅潦（lǎo）：潦，雨后积水。飞湍，飞奔的急流。壅潦，停滞的积水。

② 操艰搅遽（jù）：遽，惶恐、窘急。操作艰难、慌乱。

【译文】

呜呼！天育万物，皆有至深的精妙之处。人类所能做的，也只是一些浅显表面的工作。人类吃的食物和酒，已经足够美味；穿的衣服，缝制得已经足够华美；居住的房屋，建造得已经足够精美。但是，好茶有九大难处：一是采摘制作；二是鉴别品评；三是器具；四是用火；五是选水；六是烘焙；七是碾末；八是煎煮；九是饮用。要制成好茶，阴雨天采摘而夜里烘焙是不行的；要鉴别茶，口嚼辨味或者鼻子闻香是不行的；要制作茶器，有膻腥味的鼎和碗是不行的；要作烘焙茶的燃料，富含油脂的柴和厨房里用过的木炭是不行的；要煮茶，飞流而下的急水和静止不动的死水是不行的；要烤茶，烘焙茶饼时外熟里生是不行的；好的茶末不是那种碾出的茶末太细且颜色发青发白的模样；煮茶时操作不熟练或搅拌速度过快，无法煮出好茶；夏天喝茶而冬天不喝，不是饮茶的好习惯。

夫珍鲜馥烈者，其碗数三。次之者，碗数五。若座客数至五，行三碗；至七，行五碗；若六人以下，不约碗数，但阙一人而已，其隽永补所阙人。

【译文】

味道鲜美、茶香四溢的好茶，往往不易得，有的时候，一炉只出三碗。次一些的，一炉能出五碗。如果说，上座的客人达到五位，舀出三碗分而饮之；上座的客人达到七位，舀出五碗分而饮之；如果是六人以下，则不定舀出的碗数，少一碗计算即可。最先舀出的那一碗“隽永”，足以补充。

评述

谈茶论道之篇。陆羽以优美的文辞，综论饮茶提神、饮茶习俗和正确的饮茶方法。

诗僧皎然（俗名谢清昼）是陆羽的老朋友，又是吴兴妙喜寺住持、谢安后裔，作有《饮茶歌诮崔石使君》一诗，首次提出了“茶道”这个词，以三饮之感，将品茶从物质享受上升至精神追求。

越人遗我剡溪茗，采得金芽爨金鼎。
素瓷雪色缥沫香，何似诸仙琼蕊浆。
一饮涤昏寐，情来朗爽满天地。
再饮清我神，忽如飞雨洒轻尘。
三饮便得道，何须苦心破烦恼。
此物清高世莫知，世人饮酒多自欺。
愁看毕卓瓮间夜，笑向陶潜篱下时。

崔侯啜之意不已，狂歌一曲惊人耳。

孰知茶道全尔真，唯有丹丘得如此。

这一段论理非常精彩：“於戏！天育万物，皆有至妙。人之所工，但猎浅易。所庇者屋，屋精极；所著者衣，衣精极；所饱者饮食，食与酒皆精极之……”笔锋一转，陆羽给出“茶有九难”：一是采摘制作；二是鉴别品评；三是器具；四是用火；五是选水；六是烘焙；七是碾末；八是烹煮；九是饮用。

无论多难，还是有人心向往之。为什么呢？对身体好啊！

作为一种健康饮品，饮茶究竟有什么保健功能，我们听医生的。

北京协和医院临床营养科主任医师马方说，茶对大多数人而言是一个天然的养生保健饮品，好处很多，饮用得当可以止渴、消食、除痰、提神、明目，可以防止多种疾病。他总结饮茶的五大功能如下：

1. 抵抗癌症或者预防癌症。癌症现在已经成为对人类健康最大的威胁之一，茶叶中的儿茶素，在绿茶中含量尤其多（占茶叶的15%～20%），这类黄酮类物质具有一定的抗癌作用。茶叶中还含有一定的维生素C和维生素E，也有辅助抗癌的功效。

2. 茶叶可帮助降低心血管疾病的风险。血脂和胆固醇的升高是高

《品泉图》

（清）金廷标 收藏于中国台北故宫博物院

画中描绘夜晚月光下的山林泉水，一文士倚坐在溪边品茶，一小童蹲在溪石边戏水，另一小童在竹炉前燃炭。此景茶具俱备，品茗赏景，十分自在。

血压、冠心病产生的一个主要原因，一旦出现高血压、冠心病，那么出现动脉粥样硬化的可能性会大大升高。喝茶可以有效地降低血脂和胆固醇的水平，因为茶多酚可以抑制动脉平滑肌的细胞增殖，具有明显的抗凝及促进纤维蛋白溶解、抗血液斑块形成、降低毛细血管的脆性和血液黏稠度的作用。

3. 茶叶能够止渴消暑。炎热的夏季喝上一杯清茶，可感到满口生津、遍体凉爽，是一种解暑佳品。因为茶叶中的多酚，还有糖类、果胶、氨基酸等成分与唾液发生化学反应，使口腔得到滋润，产生一些清凉的感觉。另外，茶叶中的咖啡碱也可以在人体的内部调节体温中枢，从而能够达到调节体温的目的。

4. 茶叶还有杀菌消毒的好处。有研究表明，茶叶对沙门氏菌、葡萄球菌、炭疽杆菌、枯草杆菌、白喉杆菌、变形杆菌等有害细菌的生长繁殖都有抑制作用。

5. 防辐射。因为茶叶中含有脂多糖、维生素C、多酚和胡萝卜素，这些营养成分结合起来可以吸收一些放射性物质锶，使之以粪便的形式排出体外。茶叶中的成分对于质子束、X射线或者 γ 射线所引起的外辐射损伤还有防治作用，能够有效地防治放射性的物质对人体带来的一些危害。

茶叶有很多好处，但是饮茶的时候也应该注意不要过量，大量的茶水积聚在肠道也有可能影响膈肌的正常活动，对心脏可能会造成负担。

此外，也不要常喝太浓的茶，因为过度的浓茶会导致咖啡因摄入量较多，吸收进入血液之后，可能会造成神经系统的兴奋，出现一些过敏或者肌肉震颤等现象。同时，过浓的茶水对胃肠道的刺激作用也可能比较大，因而空腹不宜饮太浓的茶。醉酒后喝茶也可能会加重心脏负担，因此喝酒以后也不建议过度地饮用浓茶。

听从权威医生的建议，饮茶适度、懂“俭”，也是陆羽的主张。

“夫珍鲜馥烈者，其碗数三。次之者，碗数五。若座客数至五，行三碗；至七，行五碗；若六人以下，不约碗数，但阙一人而已，其隽永补所阙人。”以分茶、奉茶细则收尾：不要那么多，只要“珍鲜馥烈”的“隽永”……言之有物。篇终不接混茫。

“翼而飞，毛而走，呿而言，此三者俱生于天地间，饮啄以活，饮之时义远矣哉！至若救渴，饮之以浆；蠲忧忿，饮之以酒；荡昏寐，饮之以茶。”

从神农氏到唐代，多少贤人喜茶，以茶之名行道，使饮茶成为习俗。从首都长安、洛阳到巴蜀地区，饮茶成为日常。凡事一旦日常，必然发展至文化审美阶段，这是中华优秀传统文化发展进程的必然，也是东方整体主义精神素养的应然。

《停琴品茗图》

（明）陈洪绶

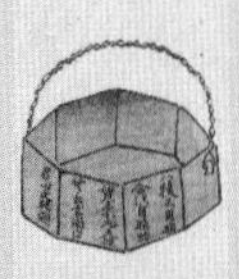

卷下·七之事

三皇：炎帝神农氏。

【译文】

上古三皇时期：炎帝神农氏。

周：鲁周公旦，齐相晏婴。

【译文】

周代：鲁国周公姬旦，齐国相国晏婴。

吴：归命侯[1]，韦太傅弘嗣。

【注释】

① 归命侯：东吴亡国之君，即孙皓。公元280年，晋灭东吴，孙皓投降，封“归命侯”。

【译文】

三国之吴：归命侯孙皓，太傅韦曜。

汉：仙人丹丘子，黄山君，司马文园令相如，扬执戟雄。

【译文】

汉代：仙人丹丘子，黄山君，孝文陵园令司马相如，执戟郎扬雄。

晋：惠帝[①]，刘司空琨，琨兄子兖州刺史演，张黄门孟阳[②]，傅司隶咸[③]，江洗马统[④]，孙参军楚[⑤]，左记室太冲，陆吴兴纳，纳兄子会稽内史俶，谢冠军安石，郭弘农璞，桓扬州温[⑥]，杜舍人育，武康小山寺释法瑶，沛国夏侯恺[⑦]，余姚虞洪，北地傅巽，丹阳弘君举，乐安任育长[⑧]，宣城秦精，敦煌单道开[⑨]，剡县陈务妻，广陵老姥，河内山谦之。

【注释】

① 惠帝：290—306年在位，晋惠帝司马衷。

② 张黄门孟阳：张载字孟阳，但未任过黄门侍郎，任黄门侍郎的是他的弟弟张协。

③ 傅司隶咸：北地泥阳（今陕西铜川）人，官至司隶校尉，简称司隶，傅咸（239—294），字长虞。

④ 江洗马统：江统（?—310），字应元，曾任太子洗马。陈留县（今河南杞县东）人。

⑤ 孙参军楚：孙楚（?—293），字子荆，曾任扶风王的参军。太原中都（今山西平遥县）人。

⑥ 桓扬州温：桓温（312—373），字元子，曾任扬州牧等职。龙亢（今安徽怀远县西）人。

⑦ 沛国夏侯恺：晋书无传，干宝《搜神记》中提到过他。

⑧ 乐安任育长：任育长，名瞻，字育长，生卒年不详，曾任天门太守等职，乐安（今山东博兴一带）人。

⑨ 敦煌单道开：《晋书》有传，晋时著名僧人，敦煌人。

【译文】

两晋时期：晋惠帝司马衷，司空刘琨，刘琨的侄子兖州刺史刘演，黄门侍郎张孟阳，司隶校尉傅咸，太子洗马江统，参军孙楚，记室左太冲，吴兴太守陆纳，陆纳的侄子会稽内史陆俶，冠军谢安石，弘农太守郭璞，扬州牧桓温，中书舍人杜育，武康小山寺释法瑶，沛国人夏侯恺，余姚人虞洪，北地人傅巽，丹阳人弘君举，乐安人任育长，宣城人秦精，敦煌人单道开，剡县人陈务的妻子，广陵郡的一位老妇人，河内人山谦之。

《琴士图》

（明）唐寅　收藏于中国台北故宫博物院

绢本，纵29.2厘米，横197.5厘米，款题：『唐寅为季静作』。画中一位童仆正在烹茶，从画风与人物造型判断，此画应是唐寅晚年的作品。画中用皴法表现人物以及松树山石，行笔潇洒流畅、从容有序。

后魏：琅琊王肃。[①]

【注释】

① 琅琊王肃：王肃（464—501），字恭懿，琅琊（今山东临沂）人，北魏著名文士，曾任中书令等职。

【译文】

北魏：琅琊人王肃。

宋：新安王子鸾，鸾弟豫章王子尚[①]，鲍昭妹令晖[②]，八公山沙门昙济[③]。

① 新安王子鸾，鸾弟豫章王子尚：刘子鸾、刘子尚，都是南北朝时宋孝武帝的儿子。一封新安王，一封豫章王。但子尚为兄，子鸾为弟。

② 鲍昭妹令晖：鲍昭 （414—466），字明远，南朝著名诗人，东海郡（今江苏镇江）人。其妹令晖，

擅长辞赋，钟嵘《诗品》：“歌待往往崭绝清巧，《拟古》尤胜。”

③ 八公山沙门昙济：沙门，佛家指出家修行的人。昙济，即下文说的“昙济道人”。八公山，在今安徽寿县北。

【译文】

南朝宋：新安王刘子鸾，刘子鸾之兄豫章王刘子尚，鲍昭之妹鲍令晖，八公山沙门和尚昙济。

齐：世祖武帝[①]。

【注释】

① 世祖武帝：南北朝时南齐的第二个皇帝萧赜（440—493），字宣远，小名龙儿，483—493 年在位。卒谥武帝，庙号世祖。

【译文】

南朝齐：世祖武帝萧赜。

梁：刘廷尉[1]，陶先生弘景[2]。

【注释】

① 刘廷尉：彭城（今江苏徐州）人，即刘孝绰（481—539）。为梁昭明太子赏识，任太子仆兼廷尉卿。

② 陶先生弘景：即陶弘景（456—536），字通明，秣陵（今江苏南京）人，有《本草经集注》传世。

【译文】

南朝梁：廷尉卿刘孝绰，先生陶弘景。

皇朝[1]：徐英公勣[2]。

【注释】

① 皇朝：指唐朝。

② 徐英公勣（jì）：唐代开国功臣，封英国公，徐世勣（594—669），字懋功。

【译文】

唐代：英国公徐世勣。

《松下饮茶图》

（清）佚名　收藏于中国台北故宫博物院

《神农食经》[①]：荼茗久服，令人有力、悦志。

【注释】

① 《神农食经》：古书名，已佚。

【译文】

《神农食经》记载：长期饮茶，使人浑身有劲、精神愉悦。

周公《尔雅》：槚，苦荼。

【译文】

周公《尔雅》记载：槚，即为苦荼。

《广雅》[1]云：荆巴间采叶作饼，叶老者，饼成，以米膏出之。欲煮茗饮，先炙令赤色，捣末，置瓷器中，以汤浇覆之，用葱、姜、橘子芼[2]之。其饮醒酒，令人不眠。

【注释】

① 《广雅》：是对《尔雅》的补作，字书。三国时张揖撰。

② 芼（mào）：意思是搅拌均匀。

【译文】

《广雅》记载：巴州、荆州一带的人采摘茶叶制作茶饼，如果茶叶老了，就掺和米汤制作茶饼。欲煮茶饮，先将茶饼烤成赤红色，捣碎成粉末，放在瓷器里，注入沸水，再加入葱、姜、橘子搅拌均匀。饮这样的茶可以醒酒，令人兴奋难眠。

《仿宋院本金陵图》卷（局部）

（清）杨大章 收藏于中国台北故宫博物院

宋代官府设有茶酒司。耐得翁在《都城纪胜·四司六局》中说：『茶酒司，专掌宾客茶汤、暖荡筛酒、请坐谘席、开盏歇坐、揭席迎送应干节次。』根据《梦粱录·四司六局筵会假赁》中的记载：『茶酒司，官府所用名「宾客司」。掌客过茶汤、斟酒、上食、喝揖而已。民庶家俱用茶酒司掌管筵席合用金银器具及直汤茶、暖荡、请坐、谘席、开话、斟酒、上食、喝揖、喝坐席，迎送亲姻，吉筵庆寿，邀宾筵会，丧葬斋筵，修设僧道斋供，传语取覆，上书请客，送聘礼合，成姻礼仪，先次迎请等事。』

《晏子春秋》[①]：婴相齐景公时，食脱粟之饭，炙三弋[②]五卵，茗菜而已。

【注释】

① 《晏子春秋》：又称《晏子》，旧题齐晏婴撰，实为后人采晏子事辑成，成书约在汉初。此处陆羽引书有误，《晏子春秋》原为："炙三弋五卵苔菜而矣"，不是"茗菜"。

② 弋：意思是禽类。

【译文】

《晏子春秋》记载：晏婴做齐景公国相的时候，吃的是粗粮饭，三五样烤熟的禽蛋禽鸟、茶与蔬菜而已。

司马相如《凡将篇》[1]：乌喙，桔梗，芫华，款冬，贝母，木蘗，蒌，芩草，芍药，桂，漏芦，蜚廉，藋菌，荈诧，白敛，白芷，菖蒲，芒硝，莞椒，茱萸。

【注释】

① 《凡将篇》：此处引文为后人所辑。伪托司马相如作的字书，已佚。

【译文】

司马相如《凡将篇》记载：乌喙、桔梗、芫华、款冬、贝母、木蘗、蒌、芩草、芍药、桂、漏芦、蜚廉、藋菌、荈诧、白敛、白芷、菖蒲、芒硝、莞椒、茱萸。

《方言》：蜀西南人谓茶曰蔎。

【译文】

《方言》记载：四川西南部的人把茶称为蔎。

《吴志·韦曜传》：孙皓每飨宴，坐席无不悉以七升为限，虽不尽入口，皆浇灌取尽。曜饮酒不过二升，皓初礼异，密赐茶荈以代酒。

【译文】

《吴志·韦曜传》记载：孙皓每次摆酒设宴，座上的客人至少要喝酒七升，即使无法全部喝光，也要把酒器中的酒全部倒完。韦曜酒量不足二升，孙皓当初很照顾他，暗地里给韦曜倒茶，以代酒。

《米芾拜石图》 （近代）俞明 收藏于美国纽约大都会艺术博物馆

77.2厘米 ×46厘米。不胜酒力之人通常用以茶代酒作为礼节表示，其渊源可追溯至三国时期的真实故事。《三国志·吴志·韦曜传》曾记载：『皓每飨宴，无不竟日，坐席无能否率以七升为限，虽不悉入口，皆浇灌取尽。曜素饮酒不过二升，初见礼异时，常为裁减，或密赐茶荈以当酒。』吴国的最后一位君主孙皓，残暴无能嗜酒成性。经常大设宴席，命令群臣不得缺席且饮酒必须超过七升。酒后群臣东倒西歪，当场丑态百出。一位叫韦曜的大臣，曾是孙皓父皇的太傅，博学多才为人正直。韦曜沾酒即醉，孙皓便命人将他的酒换成茶，避免了他酒后失礼，这便是『以茶代酒』最早的典故。但孙皓木性昏庸嗜酒，最后不听韦曜的劝阻，把他打入天牢后处死。最后吴国为西晋所灭，三国归晋，孙皓可以说是以酒误国。

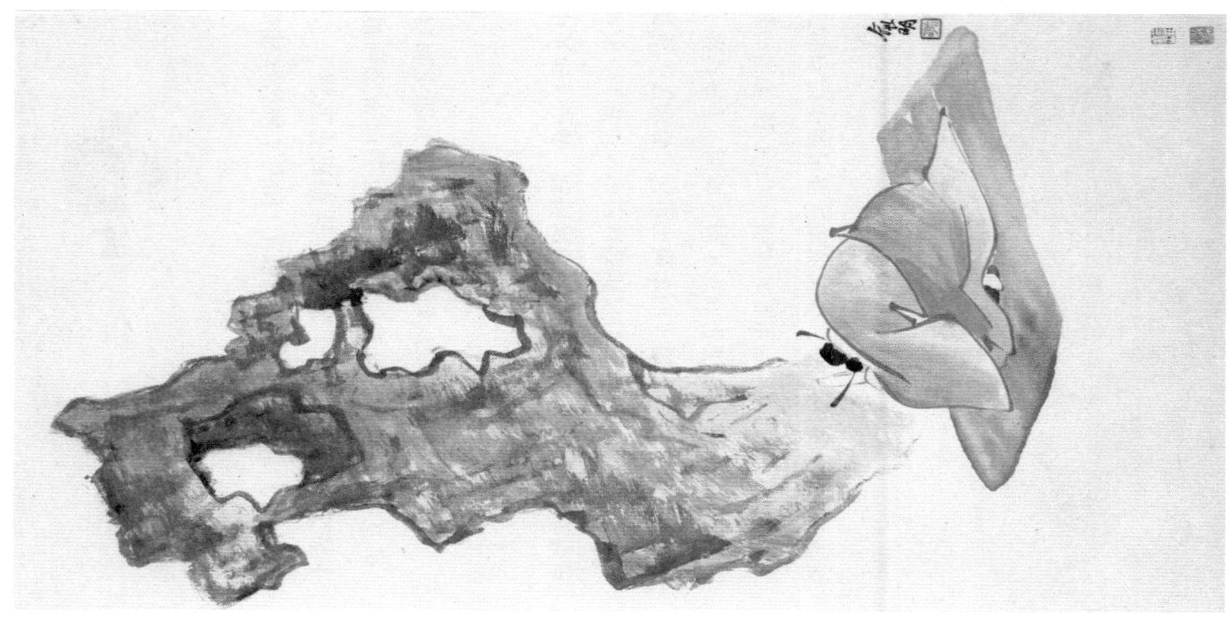

《晋中兴书》：陆纳为吴兴太守时，卫将军谢安尝欲诣纳。(《晋书》云：以纳为吏部尚书。）纳兄子俶怪纳无所备，不敢问之，乃私蓄十数人馔。安既至，所设唯茶果而已。俶遂陈盛馔，珍羞必具。及安去，纳杖俶四十，云："汝既不能光益叔父，奈何秽吾素业？"

【译文】

《晋中兴书》记载：陆纳担任吴兴太守时，卫将军谢安曾想拜访他（原注：《晋书》中记载陆纳担任的是吏部尚书），他的侄子陆俶看他全无准备，但也不敢多问，就私下准备了十多个人吃的酒菜。谢安来了，陆纳只摆了茶和果品招待他。陆俶赶忙让人端上丰盛的饭菜。谢安走后，陆纳非常生气，打了陆俶四十大板，指责说："你既然不能为叔父增加光彩，为什么还要玷污我素来俭朴的名声呢？"

《晋书》：桓温为扬州牧，性俭，每宴饮，唯下七奠柈茶果而已[①]。

【注释】

① 下：摆出。奠（dìng）：放置食物器皿的量词，同“饤”。柈（pán）：同“盘”，盘子。

【译文】

《晋书》记载：桓温为扬州牧的时候，品性俭素，每次宴请客人，只摆七盘茶果。

《搜神记》[1]：夏侯恺因疾死。宗人字苟奴察见鬼神，见恺来收马，并病其妻。著平上帻[2]、单衣，入坐生时西壁大床，就人觅茶饮。

【注释】

① 《搜神记》：东晋干宝著，为中国第一部志怪小说，计二十卷。

② 帻（zé）：古代武官佩戴的一种平顶头巾。

【译文】

《搜神记》记载：夏侯恺患病去世，同族的人苟奴能通鬼神，看见夏侯恺来牵马，并让他的妻子也患了病。苟奴看见夏侯恺戴着平头巾、穿着单衣，坐在生前常坐的靠西墙的大床上，吩咐仆人端茶送水。

刘琨《与兄子南兖州[①]刺史演书》云：前得安州[②]干姜一斤，桂一斤，黄芩一斤，皆所须也。吾体中溃（溃，当作愦）闷[③]，常仰真茶，汝可置之。

【注释】

① 南兖州：治所在今江苏镇江市，晋代州名。

② 安州：治所在今湖北安陆县一带，晋代州名。

③ 溃闷：崩溃，郁闷，烦闷。

【译文】

刘琨在《与兄子南兖州刺史演书》中写道：我在前几天收到你寄来的安州干姜、肉桂、黄芩各一斤，这些都是我所需要的。我内心烦闷的时候，不时想喝点好茶来提提神，你可以为我多置办一些。

《仿宋人撵茶图》

（明）佚名　收藏于中国台北故宫博物院

傅咸《司隶教》曰：闻南方有以困蜀妪作茶粥卖，为廉事[1]打破其器具，后又卖饼于市。而禁茶粥以困蜀妪，何哉？

【注释】

① 廉事：主管工商业，官吏职位名。

【译文】

傅咸在《司隶教》中写道：听说南市有个四川老婆婆在卖茶粥，官员们打碎了她制茶粥的器具，后来老婆婆又去市场上卖茶饼。禁止她卖茶粥，故意为难老婆婆使她陷入困境，这究竟是为什么呢？

妙玉品茶　选自《十二金钗图》册
（清）费丹旭　收藏于苏州博物馆

《神异记》[①]：余姚人虞洪，入山采茗，遇一道士，牵三青牛，引洪至瀑布山，曰："予，丹丘子也。闻子善具饮，常思见惠。山中有大茗，可以相给。祈子他日有瓯牺之余，乞相遗也。"因立奠祀。后常令家人入山，获大茗焉。

【注释】

①　《神异记》：西晋王浮著，原书已佚。

【译文】

《神异记》记载：余姚有个叫虞洪的，进山采摘茶叶，偶然遇到一个道士牵着三头青牛，为虞洪引路到瀑布山，说："我是丹丘子。听说你很会煮茶，就想让你煮点茶给我喝。山中有大茶树，你可以采摘，只希望以后你的茶杯中有多余的茶水时，可以分给我一些。"于是，虞洪在家中为丹丘子立了个牌位，经常以茶献祭。后来他经常让家人进山寻茶，果然发现了大茶树。

左思《娇女诗》[①]：吾家有娇女，皎皎颇白皙。小字为纨素，口齿自清历。有姊字蕙芳，眉目粲如画。驰骛翔园林，果下皆生摘。贪华风雨中，倏忽数百适。心为茶荈剧，吹嘘对鼎䥶[②]。

【注释】

① 左思《娇女诗》：原诗五十六句，陆羽只是引用了有关于茶的十二句。

② 鼎䥶（lì）：煮茶的鼎状锅。

【译文】

左思的《娇女诗》是这样写的：我家有娇女，皮肤又干净又白。女儿小名叫作纨素，口齿伶俐又清晰。纨素有个姐姐叫蕙芳，眉目传神，如画美貌。她们在园林中欢呼雀跃，果子没熟的时候就摘下来吃。两个女孩特别喜爱花朵，为了花朵不顾风雨跑进跑出百余次。在茶汤没开的时候心中焦急，她们就对着茶炉猛吹气。

张孟阳《登成都楼诗》[①]云：借问扬子舍，想见长卿庐。程卓累千金，骄侈拟五侯。门有连骑客，翠带腰吴钩。鼎食随时进，百和妙且殊。披林采秋橘，临江钓春鱼。黑子过龙醢[②]，果馔逾蟹蝑[③]。芳茶冠六清，溢味播九区。人生苟安乐，兹土聊可娱。

【注释】

① 张孟阳《登成都楼诗》：原诗三十二句，陆羽仅录有关茶的十六句。张孟阳，见前注。

② 龙醢（hǎi）：这里指极美味的食品。龙肉酱。

③ 蟹蝑（xū）：蟹黄。

【译文】

张孟阳的《登成都楼诗》是这样写的：我想问一问，扬雄的房子在哪里？司马相如的呢？昔日程郑、卓王孙豪门巨富，骄侈比王侯。门前车水马龙，腰上挂翠玉与宝刀。吃时令鲜蔬，品美味佳肴。秋天入林摘橘，春日临江钓鱼。黑子鱼肉胜过龙肉酱，瓜果食物胜过蟹黄。茶汤清香，香飘四海。人生何处可以安享欢乐，就是此地了。

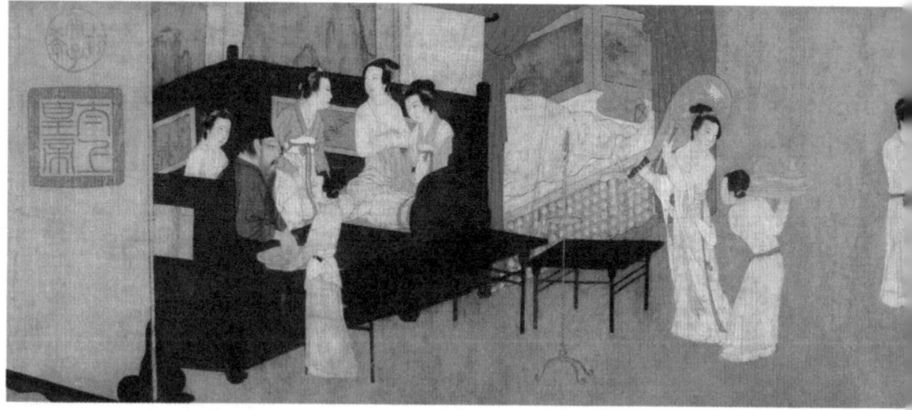

《韩熙载夜宴图》

（五代）顾闳中／原作　此为宋人摹本

收藏于北京故宫博物院

绢本设色，纵28.7厘米，横335.5厘米。以长画卷的方式再现了南唐大臣韩熙载夜宴宾客载歌行乐的热闹场面，为了避免南唐后主李煜的猜疑，韩熙载每晚开设夜宴与宾客纵情嬉游。全卷分为五段：听乐、观舞、歇息、清吹、宴散，并以屏风隔开。

傅巽《七诲》：蒲桃宛柰[①]，齐柿燕栗，峘阳[②]黄梨，巫山朱橘，南中茶子，西极石蜜。

【注释】

① 柰（nài）：一种味如苹果的沙果。

② 峘（héng）阳：地名。峘，同“恒”。

【译文】

傅巽《七诲》记载：蒲地的桃，宛地的柰，齐地的柿，燕地的栗，峘阳的黄梨，巫山的朱橘，南中的茶子，西域的石蜜。

南唐韓熙載齊人也朱溫時以進士登第與鄉人史虛白在嵩岳聞先主輔政順義六年易姓名為商賈偕虛白渡淮歸建康並補郡從事而虛白不就退隱廬山熙載詞學博贍然率性自任頗躭聲色不事名檢先主不加進擢殆禪位遷祕書郎嗣主于東宮元宗即位累遷兵部侍郎及後主嗣位頗疑北人多以死之且懼遂放意杯酒間竭其財致妓樂殆百數以自汚後主屢欲相之聞其猱雜即罷常與太常博士陳致雍門生舒雅紫微朱銑狀元郎粲教坊副使李家明會飲李之妹按胡琴公為擊鼓女妓王屋山舞六么屋山俊慧非常二妓公最愛之幻令出家号凝酥素質後主每伺其家宴命畫工顧宏中輩丹青以進既而熙為左庶子分司南都盡遂群妓乃上表乞留後主復留之闕下不數日群妓復集飲逸如故月俸至則為眾妓分有既而日不能給嘗弊衣屨作瞽者持獨絃琴俾舒雅執板挽之隨房求丐以給日膳陳致雍家屢空畜妓十數輩與熙載善亦累被尤遷公以詩戲之云陳郎衫色如裝戲韓子官資似美鈴其放肆如此後遷中書侍郎卒於私第

弘君举《食檄》：寒温既毕，应下霜华之茗。三爵而终，应下诸蔗、木瓜、元李、杨梅、五味、橄榄、悬豹、葵羹各一杯。

【译文】

弘君举在《食檄》中写道：人们寒暄过后，应各自奉上沫白如霜的好茶。三杯茶后，再奉上甘蔗、木瓜、元李、杨梅、五味、橄榄、悬豹、葵羹各一杯。

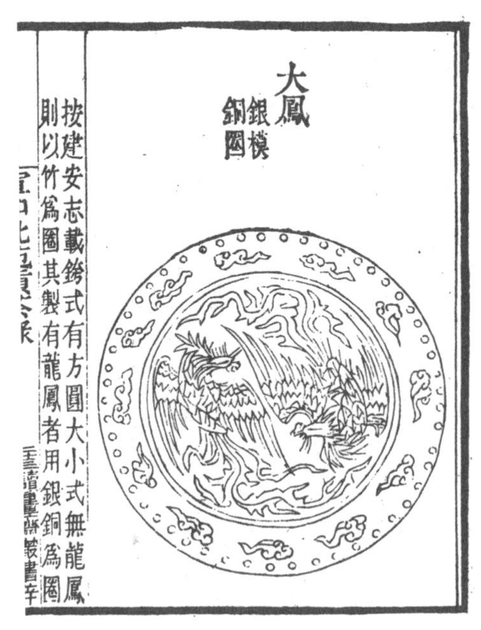

贡茶图

选自《宣和北苑贡茶录》

（宋）熊蕃／撰　（宋）熊克／绘

北苑贡茶，主要产于古代建安。北宋是中国茶文化史非常重要的阶段，尤其是在贡茶方面取得巨大的成就。其中建安贡茶在品质、规模、影响上都达到了顶峰，极具代表性。早在唐代，陆羽就曾给予『其味极佳』的赞评，因封闭的古代环境，世人才对建安贡茶知之甚少。

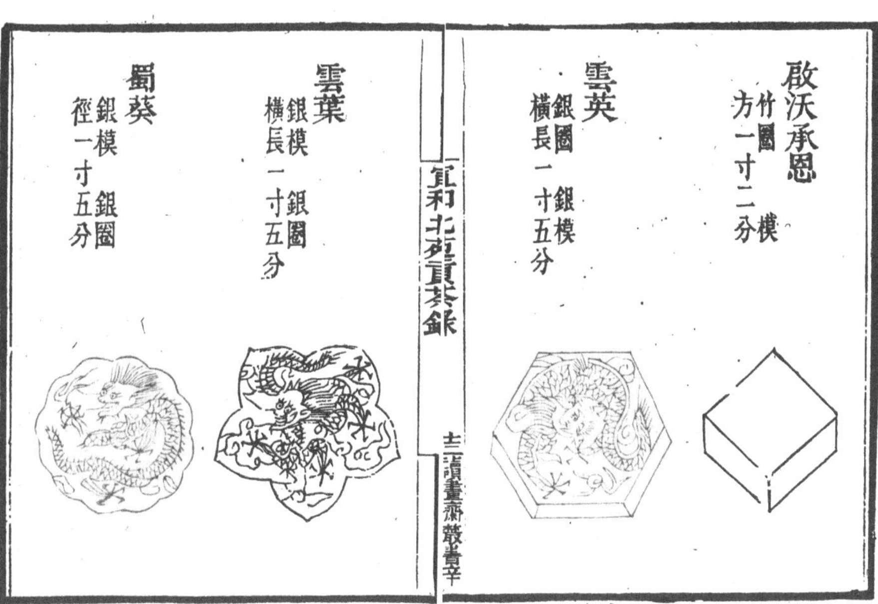

啟沃承恩 竹圈銀模 方一寸二分

雲英 銀圈銀模 橫長一寸五分

雲葉 銀模銀圈 橫長一寸五分

蜀葵 銀模銀圈 徑一寸五分

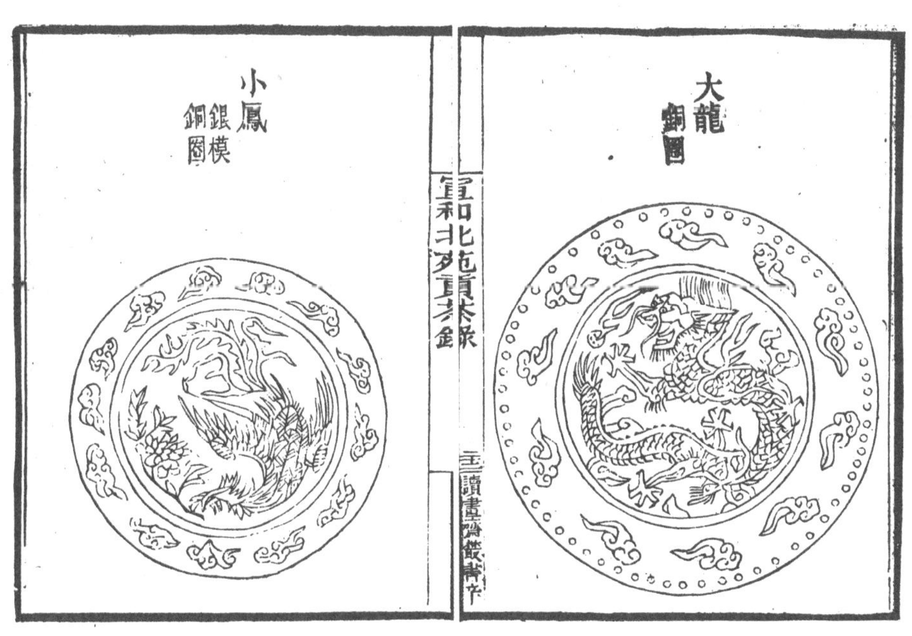

大龍 銅圈

小鳳 銀模銅圈

金錢
銀模 銀圈
徑一寸五分

玉華
銀模 銀圈
橫長一寸五分

寸金
銀模 竹圈
方一寸二分

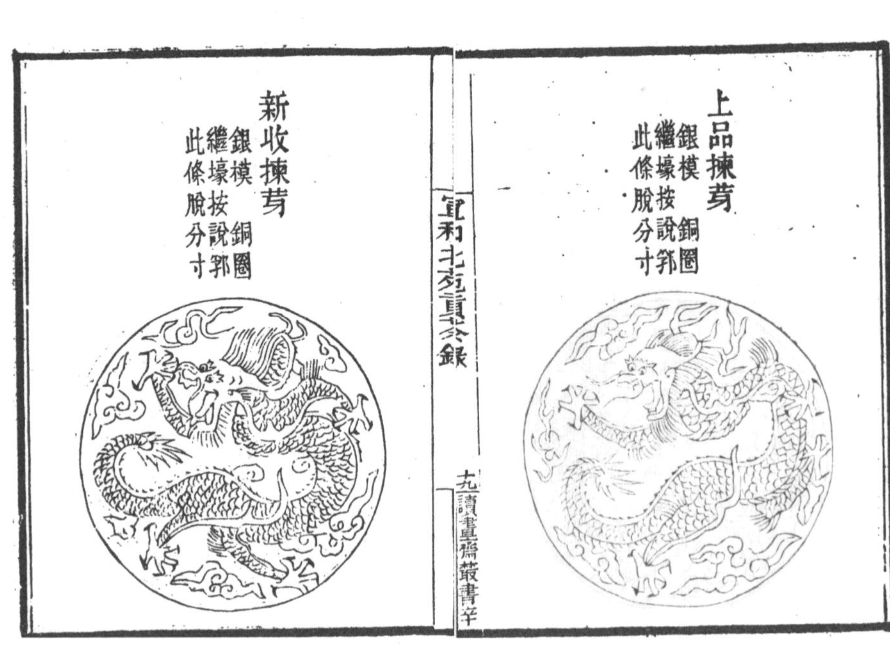

上品揀芽
銀模 銅圈
繼壕按說郛
此條脫分寸

新收揀芽
銀模 銅圈
繼壕按說郛
此條脫分寸

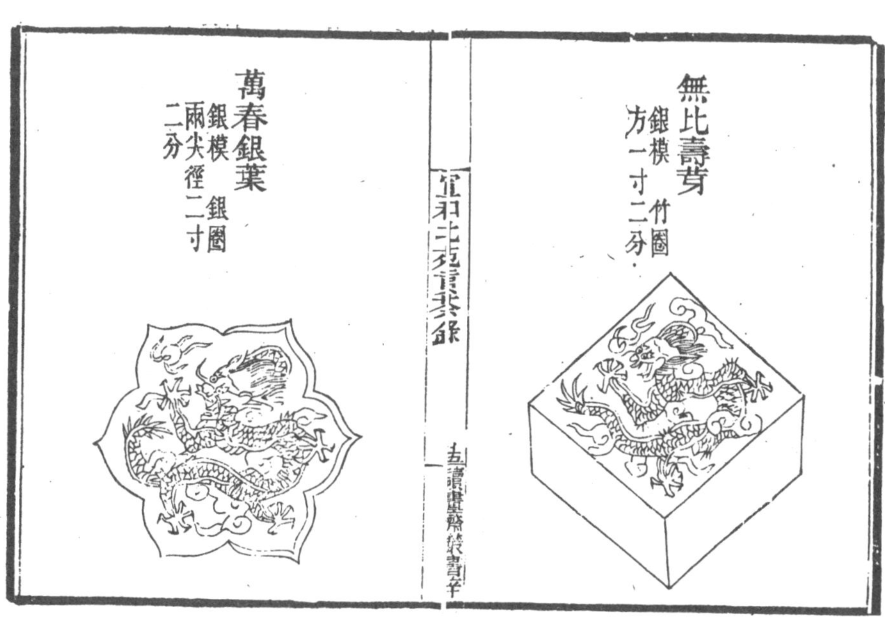
無比壽芽
銀模 竹圈
方一寸二分
宜和北苑貢茶録
萬春銀葉
銀模 銀圈
兩尖徑二寸二分
古讀書齋叢書

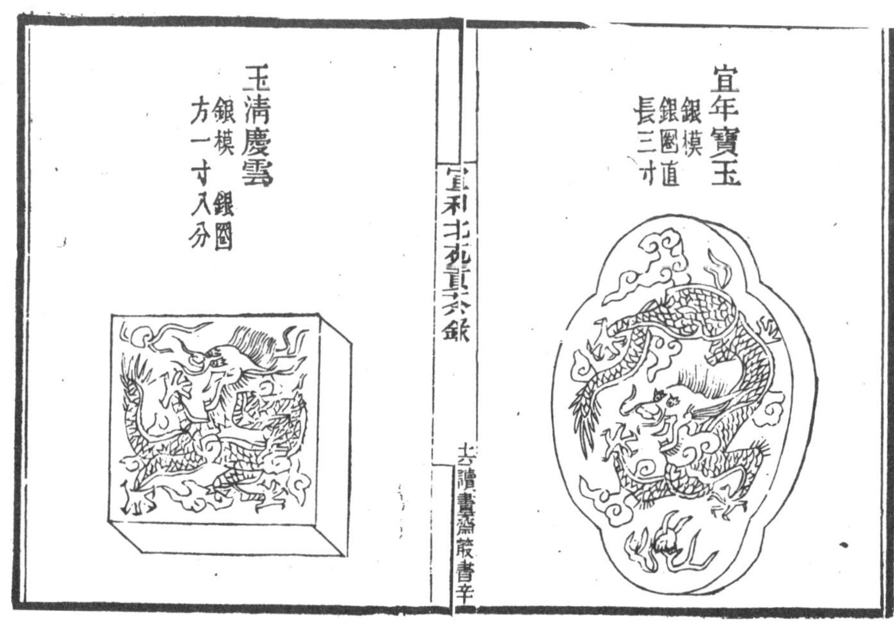
宜年寶玉
銀模
銀圈直
長三寸
宜和北苑貢茶録
玉清慶雲
銀模 銀圈
方一寸八分
古讀書齋叢書

孙楚《歌》：茱萸出芳树颠，鲤鱼出洛水泉。白盐出河东，美豉出鲁渊。姜、桂、茶荈出巴蜀，椒、橘、木兰出高山。蓼苏[①]出沟渠，精稗出中田[②]。

【注释】

① 蓼（liǎo）苏：带辛辣味道的一种佐料。

② 中田：田中。

【译文】

孙楚的《歌》这样写道：芳树尖上出茱萸，鲤鱼出自洛水泉边。河东郡出白盐，鲁地的湖泽出美豉。巴蜀出姜、桂、茶叶，高山上出椒、橘、木兰。沟渠里长着蓼苏，精米稗子长在田中。

华佗[1]《食论》：苦茶久食，益意思。

【注释】

① 华佗：《三国志·魏书》有传。华佗（约145—208），字元化，东汉末著名医师。

【译文】

华佗《食论》记载：长期饮茶，有益思考。

壶居士[1]《食忌》：苦茶久食，羽化。与韭同食，令人身重。

【注释】

① 壶居士：壶公，道家臆造的真人之一。《庄子》里的壶子，列子之师。

【译文】

壶居士《食忌》记载：长期饮茶，可飘飘欲仙。但是如果同韭菜同食，可以增加体重。

郭璞《尔雅注》云：树小似栀子，冬生叶，可煮羹饮。今呼早取为荼，晚取为茗，或一曰荈，蜀人名之苦荼。

【译文】

郭璞在《尔雅注》中这样写道：茶树矮小得像栀子一样，冬天生长出来的树叶，可以煮汤饮用。现在的人把早采摘的称为"荼"，晚采摘的称为"茗"或"荈"，四川地区的人称之为"苦荼"。

《世说》[①]：任瞻，字育长。少时有令名，自过江失志[②]。既下饮，问人云："此为荼？为茗？"觉人有怪色，乃自分明云："向问饮为热为冷。"

【注释】

① 《世说》:《世说新语》，为中国志人小说之始，南朝宋临川王刘义庆著。

② 失志：没有精神，失去神志。形容人丧魂失魄、恍恍惚惚的样子。

【译文】

《世说新语》记载：任瞻，字育长，年轻的时候就有很好的名声，自从过江之后便恍恍惚惚。一次喝茶时，他问别人：“这是茶，还是茗？”发现被问的人脸上神色怪异，就自言自语地申辩说：“我是问这茶是热的还是凉的。”

《续搜神记》[①]：晋武帝时，宣城人秦精，常入武昌山采茗。遇一毛人，长丈余，引精至山下，示以丛茗而去。俄而复还，乃探怀中橘以遗精。精怖，负茗而归。

【注释】

① 《续搜神记》：旧题陶潜著，实为后人伪托。

【译文】

《续搜神记》记载：西晋武帝时，宣城有一个人叫秦精，常去武昌山摘采茶叶。有一次遇见一个身高一丈多的毛人，引他到一座山下，指给他一个茶树林，然后离去。不一会儿那个人又回来，从怀中取出橘子送给秦精。秦精非常惊恐，赶紧背着茶叶回家。

《晋四王起事》[①]：惠帝蒙尘还洛阳，黄门以瓦盂盛茶上至尊。

【注释】

① 《晋四王起事》：敦煌《修文殿御览》残卷中见有引自卢綝的《晋八王故事》，晋朝卢綝（chēn）著，已佚。卢綝曾任尚书郎、廷尉。

【译文】

《晋四王起事》中记载：晋惠帝蒙难的时候，逃回洛阳宫中，宦官奉上用瓦罐盛的茶汤，给晋惠帝。

《万安寺茶牓》拓本

（元）溥光

溥光，字玄悟，号雪庵，俗姓李，又称普光。元代至元间的高僧。生于大同（今山西省），是中峰普应国师七世之法孙。溥光自五岁时出家，十九岁时受大戒，结束了他的一生。其间，他始终担负着阐扬教事、巡视教所、讨论教义的职责。在书法上，溥光颇有才华，大都的宫廷匾额多出自其手，元世祖特封他为昭文馆大学士，赐玄悟大师。其所书的大楷《戒坛寺石刻—万安寺茶牓》，宽博雄浑、遒劲典雅。

緣應物
無非圓

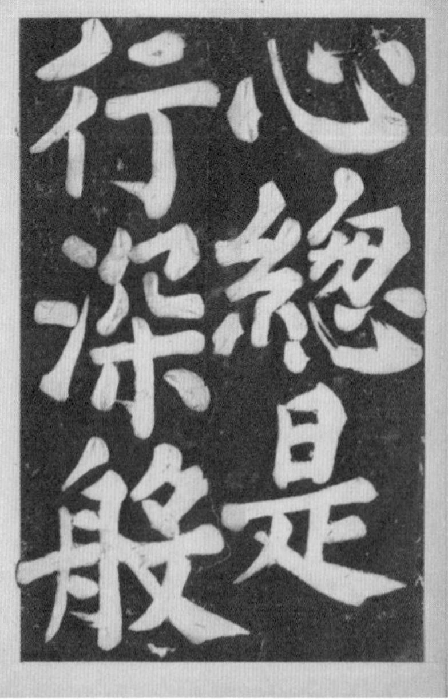

集正宗
轉輪真

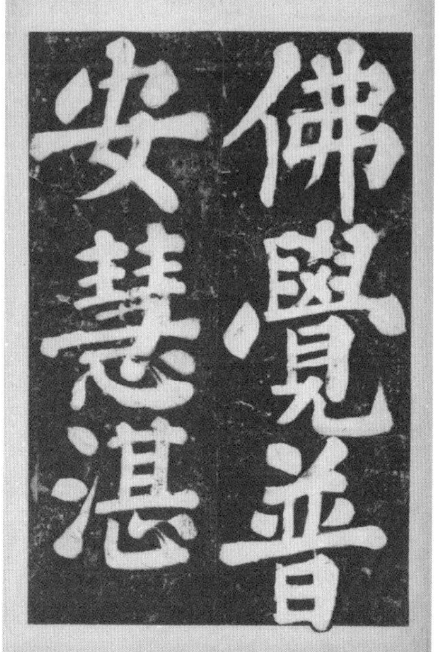
佛覺普
安慧湛

天理事
無礙矣

華夏顯
密圓通

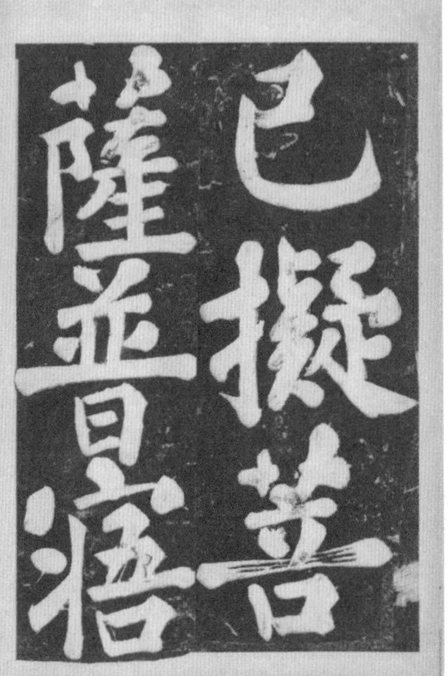

野苑中
聲消北

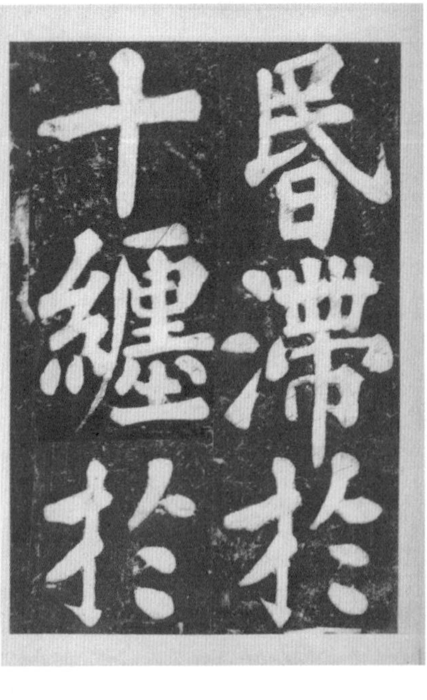

昏滯於
十纏於

製造之
方得法

山頂上
氣靡蒙

輪煮之
以方便

旨嬉之
以三昧

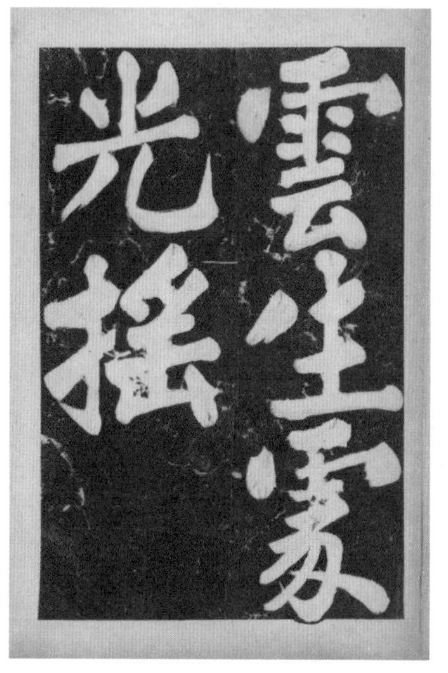

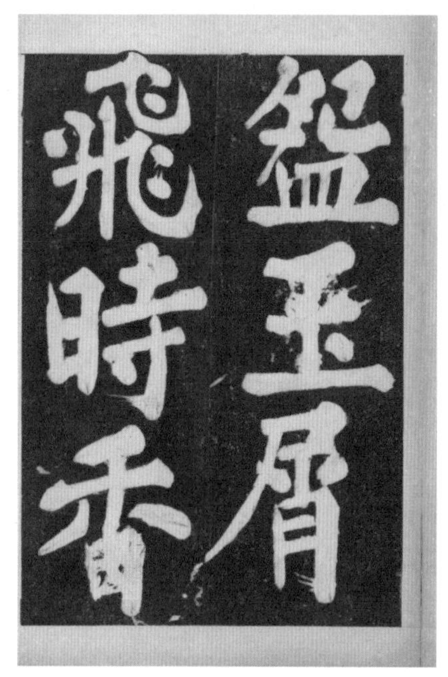

《异苑》[1]：剡县陈务妻，少与二子寡居，好饮茶茗。以宅中有古冢，每饮，辄先祀之。二子患之，曰："古冢何知？徒以劳意！"欲掘去之，母苦禁而止。其夜，梦一人云："吾止此冢三百余年，卿二子恒欲见毁，赖相保护，又享吾佳茗，虽潜壤朽骨，岂忘翳桑之报[2]！"及晓，于庭中获钱十万，似久埋者，但贯新耳。母告二子，惭之，从是祷馈愈甚。

【注释】

① 《异苑》：东晋末刘敬叔所撰，现存十卷。

② 翳桑之报：春秋时晋人赵盾，曾在翳桑救了即将饿死的灵辄，后来晋灵公欲杀赵盾，灵辄扑杀恶犬，救出赵盾。后世称此事为“翳桑之报”。翳桑，古地名。

【译文】

《异苑》记载：剡县陈务的老婆，年纪轻轻就带着两个儿子守寡，她喜欢饮茶。因为家中有一座古墓，每次饮茶，都要向古墓敬献。两个儿子感到很厌烦，不耐烦地对母亲说：“古墓里的人什么都不知道，你这么做有什么用呢！简直是白费功夫！”儿子们打算挖掉古墓，母亲苦苦劝说才作罢。当天夜里，母亲梦见一个人对她说：“我住在这个古墓中三百多年了，虽然已经是枯骨，但是我知道你一直在保护我，你的儿子想要毁掉古墓，多亏了你的保护，你还经常给我献茶，我不会忘记报答你的恩情！”第二天黎明，竟然在宅院里获得十万枚钱币，看上去像在土里埋了很久，穿钱的绳子却是新的。母亲把这件事告诉了两个儿子，他们心生愧疚，从此更加虔诚地奉茶祭奠古墓。

《广陵耆老传》：晋元帝时有老姥，每旦独提一器茗，往市鬻①之，市人竞买。自旦至夕，其器不减。所得钱散路旁孤贫乞人，人或异之。州法曹絷②之狱中。至夜，老姥执所鬻茗器，从狱牖③中飞出。

【注释】

① 鬻（yù）：卖。

② 絷（zhí）：束缚，拘禁。

③ 狱牖（yǒu）：牖，窗口、窗户。监狱的窗口。

【译文】

《广陵耆老传》记载：晋元帝时，有一个老妇人每天早上提着一壶茶汤去市场上卖，人们竞相购买，从早到晚，壶里的茶水丝毫没有少的迹象。老妇人把卖茶汤所得的钱财全部散发给穷人、老人、乞丐，人们觉得非常奇怪，州郡的官员于是将老妇人抓进牢里，可是，没想到，到了夜里，老妇人提着卖茶汤的壶，从监狱的窗口飞身出去。

《品茶图》

（明）居节　收藏于中国台北故宫博物院

此图用水墨描绘了山脚下的草堂，堂中两人面对方桌品茶。堂外树木层层围绕，画面左下角一男子正从桥上走来。旁边的草堂设茶具，一小童正在执炊。

王微《杂诗》[1]：寂寂掩高阁，寥寥空广厦。待君竟不归，收领今就檟。

【注释】

① 王微《杂诗》：王微是南朝诗人。《杂诗》原二十八句，陆羽仅收录了四句。

【译文】

王微的《杂诗》写道：轻轻地关上高阁的门，冷清的大厦变得寂寥无比。久久地等待随军的丈夫，但是等了很久却不归来，只能收起泪眼，进屋饮一杯茶。

鲍昭妹令晖著《香茗赋》。

【译文】

鲍昭的妹妹鲍令晖著有《香茗赋》。

南齐世祖武皇帝《遗诏》[1]：我灵座上慎勿以牲为祭，但设饼果、茶饮、干饭、酒脯而已。

【注释】

① 南齐世祖武帝《遗诏》：南朝齐武皇帝名萧赜，《遗诏》写于齐永明十一年（493）。

【译文】

南齐世祖武皇帝《遗诏》上面说：千万不要在我的灵座前摆牛羊牲祭，只要摆上饼果、茶饮、干饭、酒和肉干就可以了。

《品茶图》（局部）
（明）居节 收藏于中国台北故宫博物院

梁刘孝绰《谢晋安王饷米等启》[1]：传诏李孟孙宣教旨，垂赐米、酒、瓜、笋、菹[2]、脯、酢[3]、茗八种。气苾[4]新城，味芳云松；江潭抽节，迈昌荇之珍；疆埸[5]擢翘，越葺精之美。羞非纯[6]束野麏[7]，裛[8]似雪之驴；鲊[9]异陶瓶河鲤，操如琼之粲。茗同食粲，酢类望柑。免千里宿舂，省三月粮聚。小人怀惠，大懿难忘。

【注释】

① 梁刘孝绰《谢晋安王饷米等启》：刘孝绰，本名冉，字孝绰。晋安王名萧纲，昭明太子卒后，继为皇太子。后登位称简文帝。

② 菹（zū）：腌菜。

③ 酢（cù）：同“醋”。

④ 苾（bì）：芬芳，芳香。

⑤ 疆埸（yì）：大界为疆，小界为埸。田边地界。

⑥ 纯（tún）：包裹，包装。

⑦ 野麏（jūn）：野生獐鹿。

⑧ 裛（yì）：缠绕，缠裹。

⑨ 鲊（zhǎ）：腌制的咸鱼。

【译文】

南朝梁刘孝绰在《谢晋安王饷米等启》中写道：传诏官李孟孙宣读了您的教旨，赏赐我米、酒、瓜、笋、腌菜、肉干、醋、茶八种。这芳香扑鼻的酒啊，是新城、云松的佳酿。江边新长的竹笋，实在是太美味了，可以与菖蒲、荇菜山珍相媲美。田间地头的瓜果，其美味程度远超精心置办的大餐。这肉干纵然不是用白茅草捆束的野鹿肉，却也是包装精美的雪白肉干。腌鱼胜过用陶罐盛装的河鲤，米像美玉一样晶莹剔透。茶与米一样好，醋像橘子一样，令人胃口大开。这么多食物，可以食用很久，我再也不用走很远的路去买干粮了。感谢您的赏赐，大恩大德，没齿不忘！

陶弘景《杂录》：苦茶轻身换骨，昔丹丘子、黄山君服之。

【译文】

陶弘景在《杂录》中记载：昔日的丹丘子、黄山君就经常饮用苦茶，因为它可让人轻身换骨。

《后魏录》：琅琊王肃仕南朝，好茗饮、莼羹。及还北地，又好羊肉、酪浆。人或问之："茗何如酪？"肃曰："茗不堪与酪为奴。"[①]

【注释】

① 王肃：王肃是本在南朝齐做官，后降北魏的一个人。北魏是北方少数民族鲜卑族拓跋部建立的政权，所以该民族习性喜食牛羊肉、鲜牛羊奶加工的酪浆。王肃为讨好新主子，当北魏高祖问他时，他贬低说茶还不配给酪浆作奴仆。这话传出后，北魏朝贵遂称茶为"酪奴"，并且在宴会时说："虽设茗饮，皆耻不复食。"（见《洛阳伽蓝记》第二卷）

【译文】

《后魏录》记载：琅琊人王肃，在南朝为官的时候，喜欢饮茶、莼菜汤。回到北方后，他又喜欢吃羊肉、奶浆。有人问他："茶和奶浆哪个更好？"王肃说："茶给奶浆做奴隶都不配。"

《桐君录》[1]：西阳、武昌、庐江、晋陵[2]好茗，皆东人作清茗。茗有饽，饮之宜人。凡可饮之物，皆多取其叶，天门冬、拔葜[3]取根，皆益人。又巴东[4]别有真茗茶，煎饮令人不眠。俗中多煮檀叶并大皂李作茶，并冷。又南方有瓜芦木，亦似茗，至苦涩，取为屑茶饮，亦可通夜不眠。煮盐人但资此饮，而交、广[5]最重，客来先设，乃加以香芼[6]辈。

【注释】

① 《桐君录》：全名《桐君采药录》，已佚。

② 西阳、武昌、庐江、晋陵：均为晋郡名，治所分别在今湖北黄冈、湖北鄂州、安徽舒城、江苏常州一带。

③ 拔葜（qiā）：又名金刚骨，一种药材。

④ 巴东：治所在今重庆万州区一带，晋郡名。

⑤ 交、广：交州和广州。交州，在今广西合浦、北海市一带。

⑥ 香芼（máo）：调味香料。

【译文】

《桐君录》记载：庐江、武昌、西阳、晋陵地区的人喜欢喝茶，主人会煮清新的茶饮招待客人。茶汤里如果有沫饽，也是喝了有益于身心的。凡是能够作为饮品的植物，大多会选取它的叶子，天门冬、拔葜取的是根，也有益于人。巴东地区还有一种真正的茗茶，煮后饮用能提神。民间有用檀叶和大皂李制茶的习俗，是一种凉茶。南方有一种瓜芦木的叶子也很像茶，非常苦涩，采摘后碾磨成粉末当茶饮，也能提神，使人彻夜难眠。煮盐的人喜欢饮用瓜芦木水，交州、广州两地的人最是喜欢这种茶饮，客人一来就摆上，还会加一些香料。

《坤元录》[①]：辰州溆浦县[②]西北三百五十里无射山，云蛮俗当吉庆之时，亲族集会歌舞于山上。山多茶树。

【注释】

① 《坤元录》：古地学书名，已佚。

② 辰州溆浦县：即今湖南省怀化市溆浦县一带。

【译文】

《坤元录》记载：据说，在辰州溆浦县西北方向三百五十里的无射山，当地少数民族有一种风俗，他们会在某个吉庆之日，召集亲戚朋友去山上唱歌跳舞。山上有很多茶树。

《唐人宫乐图》（唐）佚名　收藏于中国台北故宫博物院

绢本设色，纵 48.7 厘米，横 69.5 厘米。《唐人宫乐图》描绘了唐朝宫廷女子品茶奏乐的欢快情景。画中女子悠闲品茗，弹琴奏乐，轻摇团扇。所执乐器自左而右，分别为笙、古筝、琵琶以及筚篥（bì lì）即胡笳。左边有一站立女子，敲击牙板，为其打拍。女子围绕的方桌正中间摆有一个大茶釜，桌子边缘放置各自的茶碗茶托。右侧一女子手执长柄茶勺，准备将大茶釜中的茶汤盛入碗。她左手边的女子手持茶碗，一副入迷的神情，以至于忘记喝茶。左侧最下方坐着的女子端碗品茶，身后的侍女则等待随时添茶。

《括地图》[①]：临蒸县[②]东一百四十里有茶溪。

【注释】

① 《括地图》：已佚，清人辑存一卷，即《括地志》。

② 临蒸县：今湖南衡阳，晋代县名。

【译文】

《括地图》记载：在临蒸县以东一百四十里的地方，有茶溪。

山谦之《吴兴记》[①]：乌程县[②]西二十里有温山，出御荈。

【注释】

① 《吴兴记》：南朝宋山谦之著，共三卷。

② 乌程县：治所在今浙江湖州市。

【译文】

山谦之在《吴兴记》中记载：乌程县以西二十里的地方，有一座温山，产贡茶。

《夷陵图经》[①]：黄牛、荆门、女观、望州[②]等山，茶茗出焉。

【注释】

① 《夷陵图经》：夷陵在今湖北宜昌地区，这是陆羽从方志中摘出自己加的书名。（下同）

② 黄牛、荆门、女观、望州：黄牛山在今宜昌市向北八十里处，荆门山在今宜昌市东南三十里处，女观山在今宜都县西北，望州山在今宜昌市西。

【译文】

《夷陵图经》记载：黄牛、荆门、女观、望州等山，都是出产茶叶的好地方。

《永嘉图经》：永嘉县[①]东三百里有白茶山。

【注释】

① 永嘉县：治所在今浙江温州市。

【译文】

《永嘉图经》记载：永嘉县以东三百里的地方，有一座白茶山。

介翁茶史

清八十老人劉源長著

浪華 薰蕕堂藏本

尾張 番祖軒 雕刻

《茶史》清刊本

（明）刘源长

茶作为一种文化现象有记录最先出现在两晋南北朝，最早喜爱饮茶的多为雅人韵士。在唐代初期，中国的『茶道』开始盛行，饮茶的习惯也逐渐蔓延至全国。茶神陆羽曾作书，名为《茶经》。而中医四大经典著作之一、最早的中药学著作《神农本草经》中也记载了茶的知识。目前所流传的是明末刘源长所著《茶史》，写于清康熙八年前后，全名为《介翁茶史清八十老人刘源长著》。本书记载了茶的起源、名品、产品，及其相近的产品，记录了采茶、烘焙、藏茶、制茶等制茶方法，同时还有陆鸿渐品茶之出、唐宋名家品茶、袁宏道龙井记。

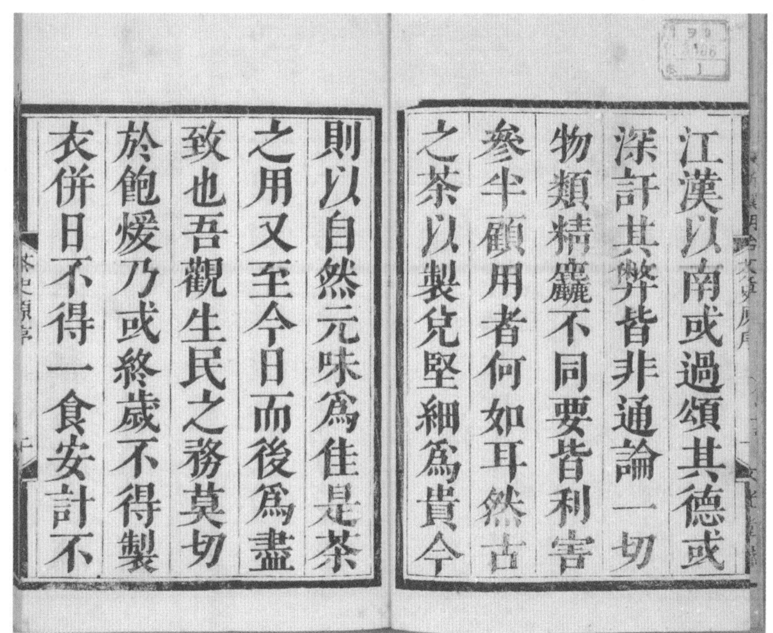

江漢以南或過頌其德或深訐其弊皆非通論一切物類精麤不同要皆利害參半顧用者何如耳然古之茶以製免堅細爲貴今

則以自然元味爲佳是茶之用又至今日而後爲盡致也吾觀生民之務莫切於飽煖乃或終歲不得製衣併日不得一食安計不

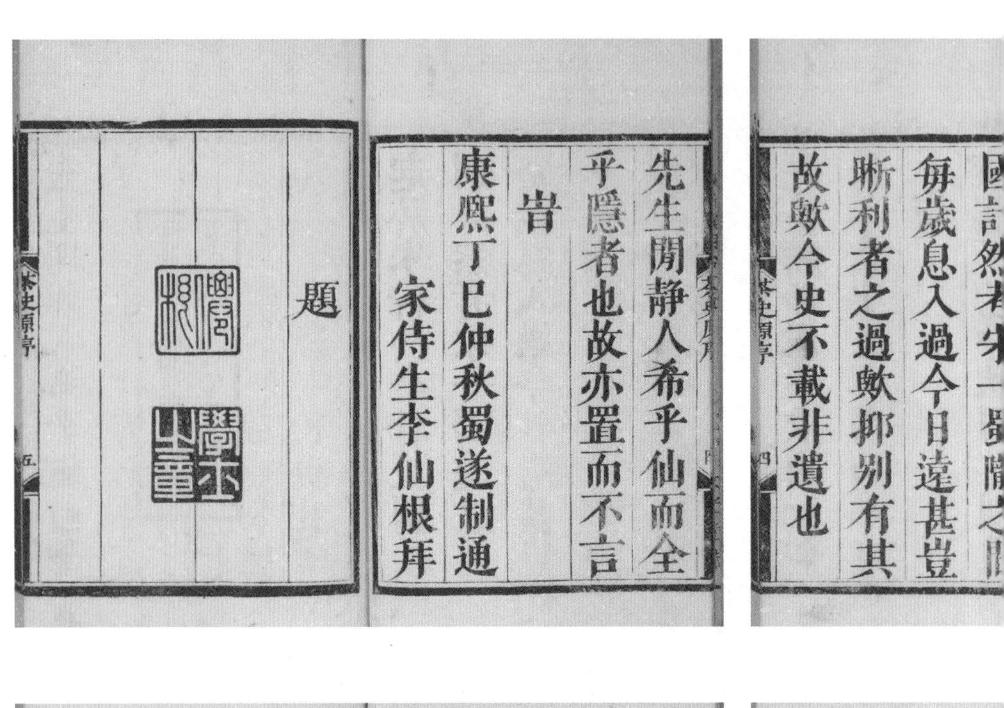

國詩然者朱一题謂之

每歲息入過今日遠甚豈

斯利者之過歟抑別有其

故歟今史不載非遺也

茶史原序　四

先生閒靜人希乎仙而全

乎隱者也故亦置而不言

旹

康熙丁巳仲秋蜀遂制通

家侍生李仙根拜

茶史原序　五

題

人而已而山陰

介祉先生博洽羣

書因取茶經以後

凡詩賦論記及於

此者累爲一帙名

曰茶史嗣君大參

年伯每與先大夫

論及是書津津不

去口康熙乙酉

聖祖南巡大參公

曾以是書進御扈

從諸臣咸購得之

一時紙貴三十年

來鐫本亦稍蝕予

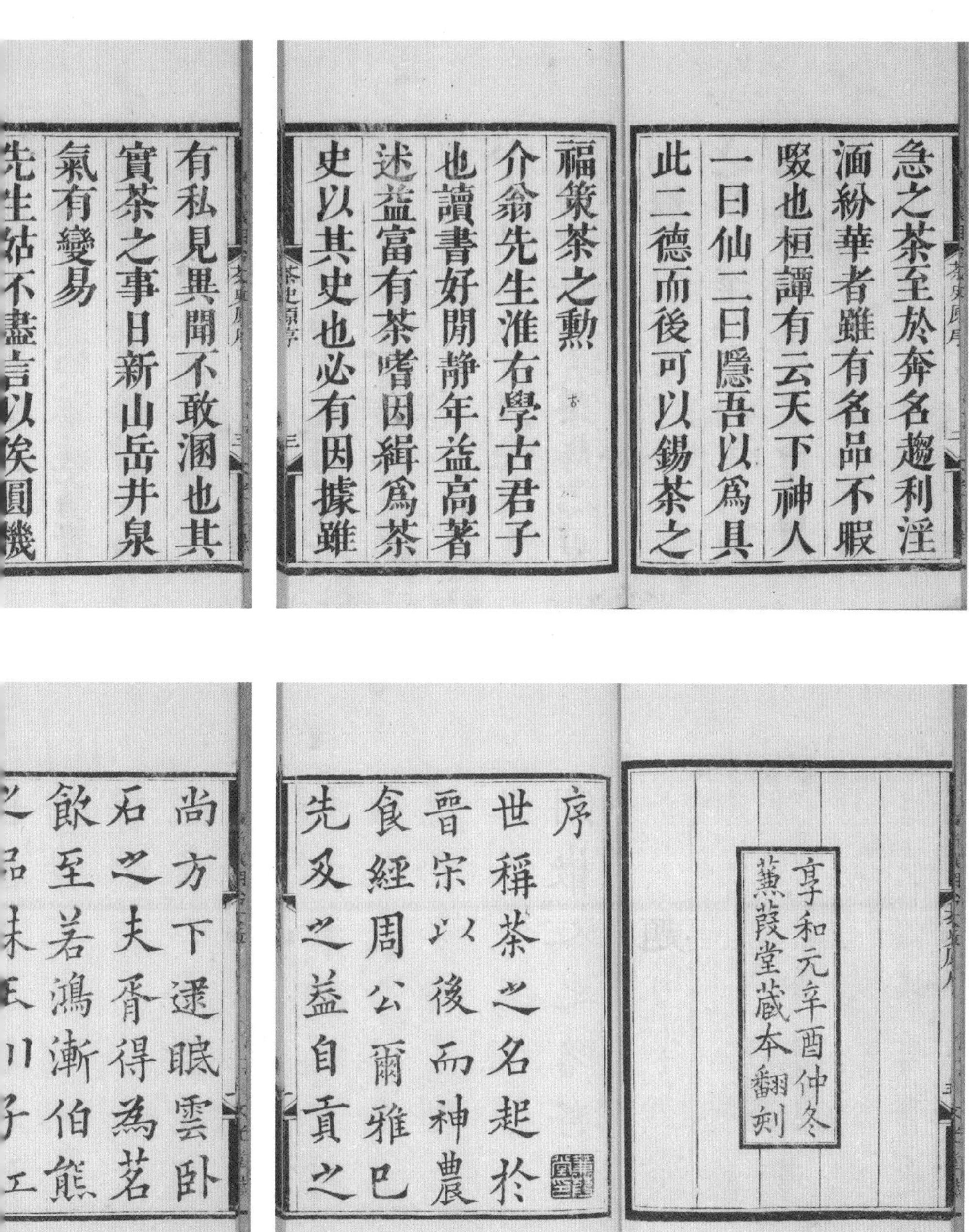
急之茶至於奔名趨利淫
湎紛華者雖有名品不暇
啜也桓譚有云天下神人
一曰仙二曰隱吾以爲具
此二德而後可以錫茶之

福篆茶之勲

介翁先生淮右學古君子
也讀書好閒靜年益高著
述益富有茶嗜因緝爲茶
史以其史也必有因據雖
有私見異聞不敢溷也其
實茶之事日新山岳井泉
氣有變易
先生姑不盡言以俟圓機

享和元辛酉仲冬
蒹葭堂藏本翻刻

序
世稱茶之名起於
晉宋以後而神農
食經周公爾雅已
先及之益自貢之
尚方下逮眠雲卧
石之夫胥得爲茗
飲至若鴻漸伯熊

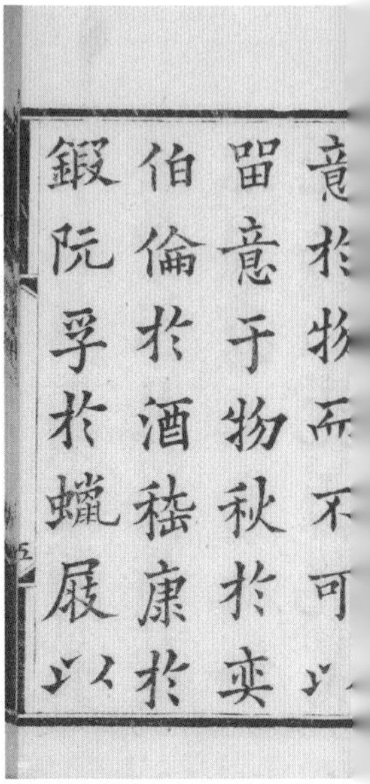

意於物而不可以
留意于物秋於奕
伯倫於酒嵇康於
鍛阮孚於蠟屐以

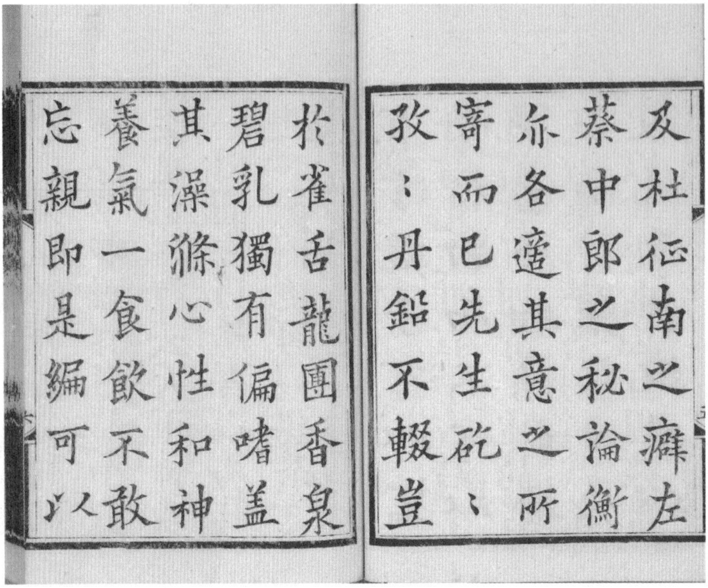

及杜征南之癖左
蔡中郎之秘論衡
亦各適其意之所
寄而已先生茹、
孜、丹鉛不輟豈

於雀舌龍團香泉
碧乳獨有偏嗜蓋
其澡滌心性和神
養氣一食飲不敢
忘親即是編可以

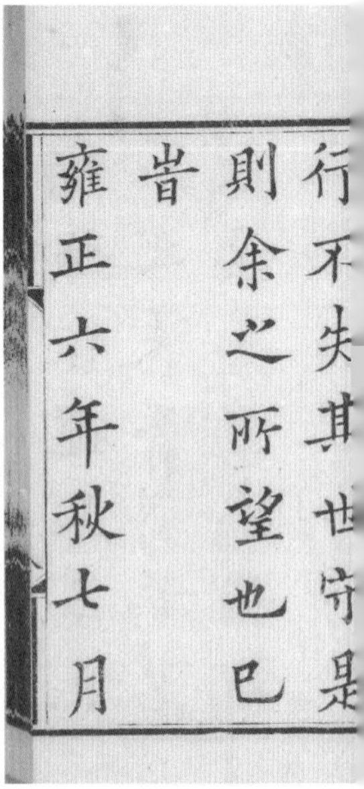

行不失其世守是
則余之所望也已
旹
雍正六年秋七月

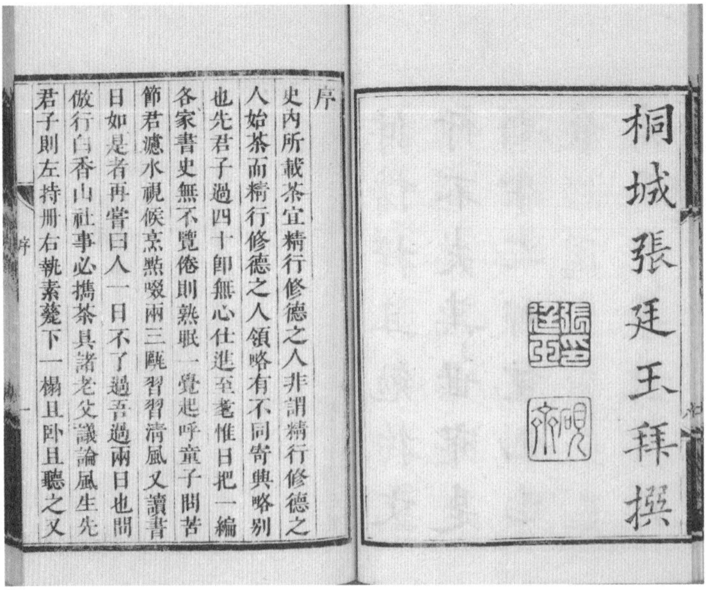

桐城張廷玉拜撰

序

史內所載茶宜精行修德之人非謂精行修德之
人始茶而精行修德之人領略有不同尋與略別
也先君子過四十即無心仕進至耄惟日把一編
各家書史無不覽倦則熟眠一覺起呼童子問苦
節君濾水視候烹點啜兩三甌習習清風又讀書
日如是者再嘗曰人一日不了過吾過兩日也間
倣行白香山社事必攜茶具諸老叟議論風生先
君子則左持冊右執素甆下一榻且卧且聽之又

甞披覽竟卷見其
搜採精核覺有至
味浸淫心口間又
聞先生性至孝弱
冠侍親官粵西及

扶櫬歸山途遇乕
衆駭散先生伏櫬
不去虎曳尾過涉
洞庭風作覆舟先
生抱櫬疾呼風竟

息精行脩德耄而
好學七為鄉大賓
沒崇祀鄉賢余讀
其書未嘗不想見

窺尋其微意以視
瑯琊漏卮葛頭水
卮曾何足云書不
盈寸得邀聖祖
鑒賞固臣子之榮

耀而孝思所積感
格天人益信而有
徵矣今季秋月先
生之曾孫重校是
書修整裝潢請序

於余〻特表其行
以諗世之讀是書
者諸年少磊落英
多有志繩武將合

《淮阴图经》：山阳县①南二十里有茶坡。

【注释】

① 山阳县：今江苏省淮安市淮安区一带。

【译文】

《淮阴图经》记载：山阳县以南二十里的地方，有一个生长茶树的山坡。

《茶陵图经》：茶陵①者，所谓陵谷生茶茗焉。

【注释】

① 茶陵：今湖南茶陵县。

【译文】

《茶陵图经》记载：茶陵，指的是盛产茶叶的山谷丘陵。

《本草·木部》[①]：茗，苦茶。味甘苦，微寒，无毒。主瘘疮[②]，利小便，去痰渴热，令人少睡。秋采之苦，主下气消食。注云："春采之。"

【注释】

① 《本草·木部》：《本草》就是《唐新修本草》，因唐英国公徐世勣任该书总监，又称《唐本草》或《唐英本草》。下文《本草》同。

② 瘘疮（lòu chuāng）：疮病与瘘管病。

【译文】

《本草·木部》记载：茗，又称苦茶。味甘苦，性微寒，没有毒。主治瘘疮，利尿，祛痰，清热解渴，可使人减少睡眠。秋天采的茶味道发苦，助消化，能通气。原注说："春天采摘。"

《本草·菜部》：苦菜，一名荼，一名选，一名游冬，生益州川谷山陵道旁，凌冬不死。三月三日采，干。注云[①]：“疑此即是今茶，一名荼，令人不眠。”《本草注》：“按《诗》云：‘谁谓荼苦。’[②]又云：‘堇荼如饴。’[③]皆苦菜也。陶谓之苦茶，木类，非菜流。茗，春采谓之苦搽（途遐反）。”

【注释】

① 此处为《本草》直接引用陶弘景《神农本草经集注》中的文字。

② 谁谓荼苦：周秦时，荼作二解，一为茶，一为野菜。这里指野菜。语出《诗经·邶风·谷风》：“谁谓荼苦，其甘如荠。”

③ 堇荼如饴：指的是野菜。

【译文】

《本草·菜部》记载：苦菜，又称荼、选、游冬，生长在益州的山陵、河谷路边，经过冬天也不会冻死。三月三日采摘，制干。陶弘景在《神农本草经集注》中写道：“应该就是现在的茶，也可以称为荼，喝了以后让人没法睡觉。”《本草注》记载：“《诗经》中的‘谁谓荼苦’‘堇荼如饴’，指的都是苦菜。陶弘景所说的苦茶，是木本植物，并不是菜类。茗，春季采摘，称为𣘻（原注：音途遐反）。”

《枕中方》：疗积年瘘，苦茶、蜈蚣并炙，令香熟，等分捣筛，煮甘草汤洗，以末傅之。

【译文】

《枕中方》记载：治疗积年瘘疮，可将茶叶与蜈蚣一起烘烤，烤到散发出香气时，等分为两份，捣碎过筛，一份粉末直接敷在疮口上；另一份加甘草煮水清洗患处。

《孺子方》：疗小儿无故惊蹶，以苦茶、葱须煮服之。

【译文】

《孺子方》记载：用苦茶加葱须煮水服用，可以治疗小儿不明原因的惊厥。

明代茶钟

明代保留茶叶真实味道的泡茶法逐渐成为民间主流，因其冲泡流程简单，追求茶叶本身的味道，在民间普及十分迅速，推动了民间茶馆业的振兴。明代的瓷质茶具，以白瓷和青花瓷为主导。白瓷莹润无瑕，釉色白中泛青，将茶汤色泽映衬十分得宜，可冲泡各类茶叶。同时白瓷茶具又有传热、保温的特点，在民间非常受欢迎。青花瓷茶具色泽莹翠，可以增益汤色，用来冲泡绿茶最为合宜，也受到了民间的欢迎和追捧。

甜白暗花莲瓣纹莲子茶钟

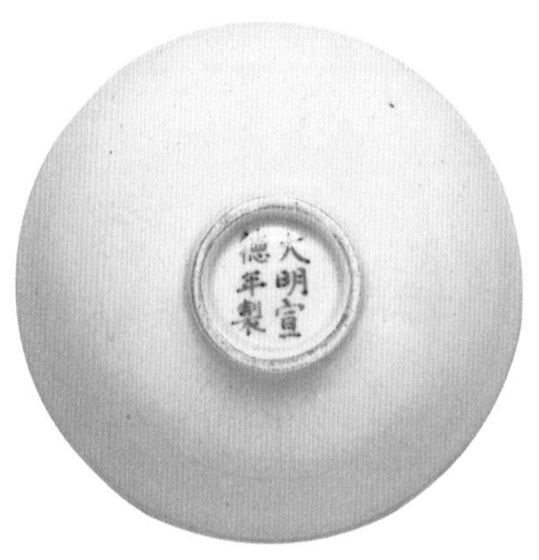

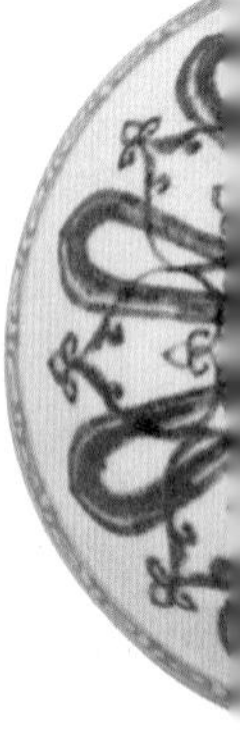

青花莲瓣纹莲子茶钟

评述

本篇茶之事，整编记录历代茶事。从三皇炎帝神农氏到当朝英国公徐懋功，记录自古以来与茶相关的人物；从《神农食经》到小儿医书《孺子方》，全面整理有史以来（至陆羽所处的唐代）的茶事资料四十八条，涉及历史人物、文献、史料、医药、诗词、野史、注释、地理等内容。这是中国茶文献的首次集成，对后世研究茶文化具有非常重要的价值。

陆羽如此“三番五次”引用《荈赋》：①《四之器》：“晋舍人杜育《荈赋》云：‘酌之以瓠。’”②《四之器》：“碗，越州上……晋杜育《荈赋》所谓：‘器择陶拣，出自东瓯。’瓯，越也。”③《五之煮》：“其水，用山水上，江水中，井水下。（《荈赋》所谓‘水则岷方之注，挹彼清流’。）其山水，……使新泉涓涓然，酌之。其江水，取去人远者。井，取汲多者。”④《五之煮》：“沫饽，汤之华也。……《荈赋》所谓‘焕如积雪，晔若春敷’，有之。”⑤《七之事》：“晋：惠帝，刘司空琨，……郭弘农璞，桓扬州温，杜舍人育……” 这就有必要重提杜育和他的作品《荈赋》。

杜育何人？前已有注，也刻“杜毓”，疑似字名，魏晋风流。
《荈赋》如何？

灵山惟岳，奇产所钟。
瞻彼卷阿，实曰夕阳。
厥生荈草，弥谷被岗。
承丰壤之滋润，受甘露之霄降。
月惟初秋，农功少休；
结偶同旅，是采是求。
水则岷方之注，挹彼清流；
器择陶简，出自东瓯；
酌之以匏，取式公刘。
惟兹初成，沫沈华浮。
焕如积雪，晔若春敷。
若乃淳染真辰，色绩青霜，白黄若虚。
调神和内，倦解慵除。

原版只存九十七个字，从其他古书引用补充后，是上引一百一十六个字，不一定准确。《荈赋》句法工整、文采斐然，最重要的是它完整地记载了茶的产地、生长、采摘、用水、茶器、煮茶、茶沫形状、汤色、味道和功用。这说明什么？《荈赋》非常重要，陆羽认可杜育。

三皇五帝到如今，千秋大业一壶茶。“茶之为饮，发乎神农氏。”据说这个故事记载在《神农本草经》（一说乃清代茶人伪托，未细究。）里：“神农尝百草，日遇七十二毒，得茶而解之。”相传在五千多年前的三皇五帝时期，在今天的四川东部和湖北西北部山区里，“三苗”“九黎”部落的首领神农氏的炎帝，率领部落不断壮大，很快成为长江流域最庞大的群体。随着部落人口的骤增，用于果腹的野兽和野果出现了短缺，人的生命面临巨大威胁，所有成员都把目光投向了他们信任的首领。在某一天的早晨，神农氏独自走出部落，去寻找可以维系人们生命的东西。他首先发现了可以种植的谷物，于是教人们播种五谷，使大家过上了衣食无忧的生活。人们被病痛折磨，神农氏又去寻找能为大家解除病痛的药物。在无数个日子里，他翻过了一座又一座高山，蹚过一条又一条大河，尝遍了山中及河岸的每一株野草，找到了不少能够医治病痛的植物。一天，神农氏在山上吞下几种新的植物，有些累了，便在一棵大树下支起陶罐煮水，水快要烧开时，一些叶子从树上掉下来，飘进了陶罐中。喝过这些绿叶煮出的微带苦涩的浓汤，神农氏感到无比舒爽，一种从未有过的美妙感受荡漾全身。他站起身，又摘了几片叶子品尝，叶子进入肠胃后滚来滚去，像是在清洁一般，人的精神立刻清爽了许多。神农氏小心地把这种叶子收集起来，给它们起名为“茶”，这就是后来的茶。有一次，神农氏尝到了一株毒性很大的小草，脸色变得乌青，这时他想起了那种叫“荼”的叶子，含服了几片，毒竟慢慢解掉了。于是神农氏知道了“荼”可以解毒。

专家考证后也认为，野生茶树的发源地就在中国西南地区，茶业的兴起正是从四川、湖北一带开始。所以，至少可以做出这样的判断：即便不是神农氏本人发现了茶叶，也应是炎帝部落的其他人或后人发现了茶叶，它最初只是被当作药用，是一种高大的野生茶树的叶子。南北朝刘琨所著的《购茶》也有安州（今湖北安陆）产茶的记载，《桐君录》和《荆州土地记》中也分别记有西阳（今湖北黄冈东）、巴东（今重庆奉节）和武陵（今湖南常德）产茶的叙述，说明茶叶的原产地的确在炎帝部落周围。抛开传说中的神话成分，从常理上分析，尝百草的神农氏（或炎帝同时代人）在品尝百草时发现同为植物的茶叶也是较为合理的解释。当然，传说和推断都不能作为确定茶叶发现者的依据。

而人工种植的茶园的兴盛是在西周初年，也就是传说中的神农氏发现野生茶树一千六百多年后，人工种植的茶园终于在炎帝部落曾经生活过的巴蜀之地发展成熟。巴国和蜀国当时是周朝诸侯国，茶园中的精品还曾经当作贡品年年进贡周天子。《华阳国志·巴志》把这种贡茶称为“香茗”，是迄今为止最早的关于茶叶种植的记载。

时间推演到秦朝。顾炎武曾经说：“自秦人夺取蜀地之后，就开始有茗饮之事。”他认为饮茶是秦统一巴蜀之后才开始传播的，肯定了中国和世界的茶叶文化，最初是在巴蜀发展起来的。这一说法，现在绝大多数的学者也是认同的。巴国和蜀国虽然同为周王室的属国，却时有争斗发生，周显王十二年（前357），蜀王在今四川剑阁东北划出一块地盘，交给他的一个叫葭萌的弟弟管辖，封这个弟弟为“苴侯”，并将他所在的城邑称作“葭萌”。“葭萌”是蜀人对茶的称谓，因此，“苴侯”所在的城邑就是茶邑。以“业”作为分封领地的名字现在看来有点儿奇怪，但在古蜀时期却非常普遍。比如蜀地的开国国君蚕丛王就喜欢驯育野蚕为家蚕，另一位叫鱼凫王的蜀王则是驯养鱼鹰帮助捕鱼的创始人。因此，这位以茶为名、以茶名邑的葭萌自然也是这样，他也是一位“茶农”。身为一个爱茶的新王，苴侯到葭萌后不久便与蜀国宿敌巴国结为友好之国，以自己的方法治理国家。这种做法使他的哥哥愤怒，劝说不成，便发兵向葭萌问罪。葭萌抵挡不住兄长的进攻，只好逃往巴国。盛怒之下的蜀王率军攻打巴国，并很快取得了优势。无奈之余，巴王向强大的秦国求援，早就垂涎巴蜀之地的秦国马上暂停伐楚计划，派出张仪和司马错率兵入蜀，一举攻下蜀国，接着又灭掉苴国和巴国，将巴蜀之地纳入秦国的版图，巴蜀的吃茶之风和种茶技术也得以传入秦国。

植茶之风走向全国的机会是随着秦王朝吞并战国诸雄，建立起强大的秦帝国，在巴蜀这块封闭的领地内盛行了多年的植茶之风终于有了走向全国的机会。

据传中国关于商业卖茶的最早记载见于一份叫《僮约》的雇工合同，合同的起草者是蜀地资中（今四川资阳）人王褒。王褒字子渊，是西汉宣帝年间的名士，擅长作赋，有《中和》《乐职》《圣主得贤臣赋》《洞箫赋》等传世之作。汉宣帝神爵三年（前59）正月写成的《僮约》列举了家童应做的种种杂役，其中写有“烹茶尽具”“武都（今四川彭州）买茶”（一说未见记载，未深究。）。一纸《僮约》道出了西汉茶风的兴盛，标志着中国茶叶商业活动的开始，中国有了经营茶叶的商人。王褒在《僮约》里写到买茶纯属无意之举，但就是这信手拈来之句，记录了茶业发展史上的重要一笔。从此得知，西汉中期的成都不仅饮茶成风，而且有了固定的专门销售茶叶的茶市。这比美国茶学权威威廉·乌克斯在《茶叶全书》中提出的“五世纪时茶叶渐为商品”“六世纪末茶叶由药用转为饮品”的说法早了五百多年。

那么中国最早的茶摊是什么时候开始的？伴随着茶叶种植和饮茶习俗的迅速传播，茶叶商人的数量逐渐增多，分工日趋精细。晋元帝时，出现了专门经营茶水的摊贩，与此有关的记载出自《广陵耆老传》：“晋元帝时有老姥，每旦独提一器茗，往市鬻之。市人竞买，自旦至夕，其器不减。所得钱散路旁孤贫乞人，人或异之。州法曹絷之狱中。至夜，老姥执所鬻茗器，从狱牖中飞出。”由此可以看出，这位老妇人所卖的已不是采摘的叶子，而是经过烹煮之后的茶水。这是中国最早的茶摊，也是后来遍布集市的茶馆的前身。唐代，饮茶之风风行城市乡野，大规模的茶馆相继涌现。《封氏闻见录》：“自邹、齐、沧、棣，渐至京邑，城市多开店铺，煮茶卖之，不问道俗，投钱取饮。”

青花年年丰登茶钟

青花《赤壁赋》茶钟

霁青茶钟

茶的贬称叫水厄。这个故事是从东晋初年的任中书郎、左长史等职的王濛开始的。王濛认为茶是天下最美的饮品，可谓是嗜茶成癖，经常请人喝茶，必须喝尽兴。大臣中有不少是从北方南迁的士族，不能忍受茶叶的苦涩味道，但是王濛请喝，又不得不喝，于是，到王濛家喝茶就成了一种痛苦的代名词。一天，又有一个北方官员要到王濛家中办事，临出门时与朋友谈及王濛的待客之道，感觉到非喝茶不可，于是觉得："今天又有水厄了。"水厄从字面意思来讲是因水而生的厄运。这个贬义的词语便由此而流传下来。

此后，王濛与水厄的故事经常被人提及，梁武帝萧衍之养子、西丰侯萧正德因不知水厄为何物而遭人耻笑，北魏宗室彭城王元勰更是曾经嘲讽羡慕饮茶习俗的大臣刘缟。茶水因为贬义为水厄，曾经成了北方贵族嘲笑南方人士的话柄。这种现象直到南朝宋武帝时才改变。《宋录》上说，有一次新安王刘子鸾与豫章王刘子尚一同拜访八公山上的昙济道长，昙济以山上的茗茶待客，两位王子饮后赞不绝口，连连说道："这哪里是茶呀，明明是甘露！"看来两位王子是品尝过"水厄"的，不然也不会说出"此"茶与"彼"茶的不同之处。一样的"水厄"品出了异样的滋味，除了口味上的偏好，茶的品质变化恐怕才是最大的因素。

昙济的茗茶可以加上一个"香"字了，被刘氏兄弟称赞过的口感更好的香茗的出现，终于让视茶为"厄"的北方人"浅尝"了。

自古以来，茶道与禅道密不可分。茶可醒智提神，帮助消食，抑制性欲，适合禅者静坐、敛心，很早以前就被佛门弟子视为修行时的最佳饮品。从茶中体味禅机，借茶悟道的参禅方法，在唐代已被参禅者广泛接受。只有领悟了“无”的境界，认识到世界“本来无一物”，才能进一步认识“无一物中无尽藏，有花有月有楼台”的禅宗真境。所谓“茶禅一味”，茶与禅不分家，“安禅制毒龙”，不生妄念，茶是中介，是润滑剂，是飞越禅境的彩虹。

记载的最早饮茶的僧人出现在东晋《晋书·艺术列传》：“敦煌人单道开，不畏寒暑，常服小石子，所服药有松、桂、蜜之气，所饮茶苏而已。”单道开曾在昭德寺坐禅修行，他所饮用的掺有多种果品的叫“茶苏”的饮料正是当时最正宗的茶汤。自单道开开始，僧人与茶便结下了不解之缘。唐代，由陆羽的朋友、著名僧人皎然最先提出的品茶与悟道相结合的茶道一说逐渐被人接受，诸多以茶喻道的禅宗公案开始流行于世。其中，以唐代居士庞缊与马祖道一禅师的论道典故最为著名。普济编纂的《五灯会元》卷三记载，庞蕴为参悟到禅旨，曾经专程向当时最有名的高僧道一禅师请教。庞蕴在道一的禅室里谈起他之前问禅的一次经历，那位禅师叫石头，庞蕴问道：“不与万事万物为伴侣的是什么人？”石头禅师听到问话后不做回答，居然伸手遮掩他的嘴巴。庞蕴问道一禅师：“我有些不解，想跟道一禅师请教，不知石头禅师究竟是什么意思？”道一听了面无表情，端起茶盏轻轻一啜，同样不予回答。庞蕴停了一停，又问：“那么，不与万事万物为伴侣的是什么人？”道一端起茶盏，轻轻品饮一口，缓缓说道：“等你一口吸尽西江水，就对你说。”庞蕴沉思片刻，笑了，说道：“原来如此，我终于明白了。”在道一的意念中，一碗茶水就如西江之水，包孕着天地乾坤，如果能一口喝尽一碗茶，世间万物尽在胸中，当然也就领悟了禅旨。如果能将包孕一切相对之物的西江水一起吞掉，超越人世间的得失、利害、大小、是非，不再为一件世俗的小事喜忧或烦恼，才能悟到绝对世界，也就是禅宗所说的驾驭在一切相对事物之上的“无”的境界。庞蕴顿悟的禅旨，正在于此。由这件公案可以看出，茶是一种客观物质，但通过品茶者的体验，这些看得见、闻得到、品得出的茶汤，就可以变为看不见、摸不着的“内心清静”的感受，这一切正是参禅者所追求的从“有”到“无”的最高境界。

茶风兴盛的唐代，以茶悟道的僧人远不止道一，另一位颇受后人推崇的高僧从谂也是这样一位以茶喻道的大师。从谂俗姓郝，世称赵州和尚，为唐代曹州郝乡（今山东曹县一带）人。他幼年出家，曾南下参谒南泉普愿禅师，学到南宗禅学的精髓，并凭借自己的悟性使其得以发展。从谂得法之后的大部分时间都住在河北赵州观音院，因而被后人称为“赵州古佛”。身为中国禅宗史上有名的禅师，赵州和尚的言行超常怪僻，为常人所不解。他所说的“佛是烦恼，烦恼是佛”的禅语在当时风行一时，成为参禅者经常谈论的法言。《五灯会元》记载，赵州和尚与官人游园，看到一只兔子受惊逃走，官人借机问道：“和尚是大善知识，兔见为什么走？”回答：“老僧好杀。”又有一次，一位参禅者问他：“承闻和尚亲见南泉，是否？”答曰：“镇州出大萝卜头。”来者不解其意，进一步问："万法归一，一归何所？"他听了不假思索，以"老僧在青州作得一领布衫重七斤"作了回答，让人听了更加不知所云。除以上法语之外，赵州和尚与一位尼姑的一番对话更令人惊奇，曾有尼姑问他："如何是密密意？"他竟用手掐了尼姑一下，尼姑说："和尚犹有这个在！"他却说："却是你有这个在。"以离谱的言行阐述禅道，是马祖禅师之后很多参禅悟道者追求的修行之道。他们认为，禅宗应以机锋触人，机锋讲究以口应心，随问随答，不假修饰，自然天成。在历史上流传甚广的"吃茶去"，就是以这种理解为根本衍生出的一则公案。"吃茶去"的典故也出自《五灯会元》。一天，赵州观音寺内来了两位僧人，赵州和尚问其中一僧道："你以前来过吗？"僧答："没有。"赵州和尚吩咐："吃茶去。"接着又问另一僧："你以前来过吗？"僧答："来过。"赵州和尚又说："吃茶去。"院主不解地问："师长，为什么到过也说吃茶去，不曾到过也说吃茶去？"赵州和尚没有直接回答，只是高喊一声："院主。"院主应诺："在！"赵州和尚接着说："吃茶去！"

无论是对新入院的僧人，还是已经来过院内的僧人，赵州和尚一律请他们吃茶，这"吃茶去"三字看来真是迷雾重重，难以理解。实际上，对此大可不必过于在意。在禅者看来，以不变应万变，随心所欲的回答，才是正确的，而针对问题做出符合逻辑的直接回应反而是"参死句""执着"，不符合禅宗真谛。

在这里，赵州和尚对待曾经到过的僧人和未曾到过的僧人，对已了

受水鮮明故建安人鬭試以青白
勝黄白

香

茶有真香而入貢者微以龍腦和
膏欲助其香建安民間試茶皆不
入香恐奪其真若烹點之際又雜
珍果香艸其奪益甚正當不用

味

茶味主於甘滑唯北苑鳳凰山連
屬諸焙所産者味佳隔谿諸山雖
及時加意製作色味皆重莫能及
也又有水泉不甘能損茶味前世
之論水品者以此

藏茶

茶宜蒻葉而畏香藥喜温燥而忌
濕冷故收藏之家以蒻葉封裹入
焙中兩三日一次用火常如人體
温温以禦濕潤若火多則茶焦不
可食

炙茶

茶或經年則香色味皆陳於净器
中以沸湯漬之刮去膏油一兩重

茶色白宜黑盞建安所造者紺黑
紋如兔毫其坯微厚熁之久熱難
冷最為要用出他處者或薄或色
紫皆不及也其青白盞鬭試家自
不用

茶匙

茶匙要重擊拂有力黄金為上人
間以銀鐵為之竹者輕建茶不取

湯缾

缾要小者易候湯又點茶注湯有
準黄金為上人間以銀鐵或瓷石
為之

臣皇祐中修 起居注奏事
仁宗皇帝屢承 天問以建安貢
茶并所以試茶之狀臣謂論茶雖
禁中語無事于密造茶録二篇上
進後知福州為掌書記竊去藏稿
不復能記知懷安縣樊紀購得之
遂以刊勒行於好事者然多舛謬
臣追念

古香齋寶藏蔡帖 卷二

綃本茶錄

朝奉郎右正言同修起居注臣蔡襄上進

臣前因奏事伏蒙
陛下諭臣先任福建轉運使日所
進上品龍茶最為精好臣退念草
木之微首辱
陛下知鑒若處之得地則能盡其
材昔陸羽茶經不第建安之品丁
謂茶圖獨論採造之本至於烹試
曾未有聞臣輒條數事簡而易明
勒成二篇名曰茶錄伏惟
清閒之宴或賜觀采臣不勝惶懼
榮幸之至謹叙

上篇論茶

色

茶色貴白而餅茶多以珍膏油去聲
其面故有青黃紫黑之異善別茶
者正如相工之脈人氣色也隱然
察之於內以肉理實潤者為上既
已末之黃白者受水昏重青白者

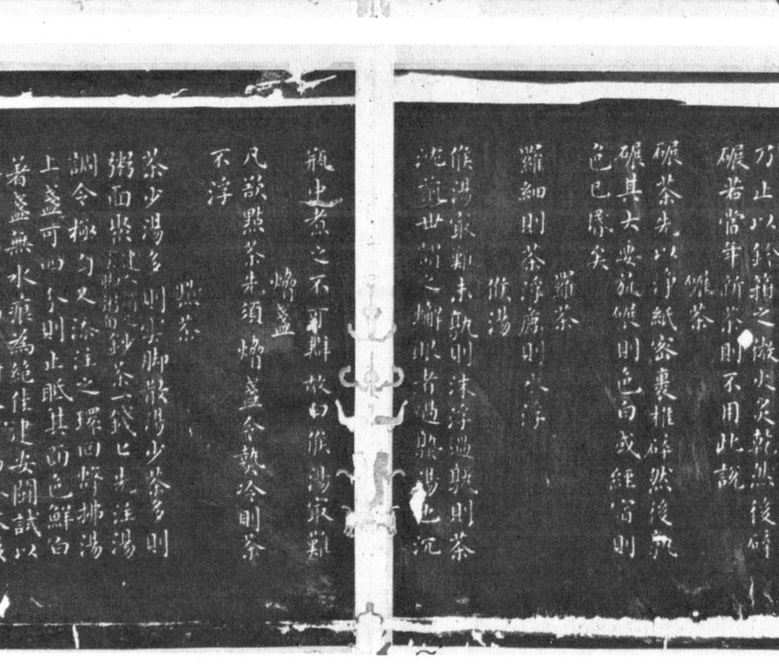

乃止以鈐箝之微炙乾然後碎
碾若當年新茶則不用此說

碾茶

碾茶先以淨紙密裹椎碎然後熟
碾其大要旋碾則色白或經宿則
色已昏矣

羅茶

羅細則茶浮麤則水浮

候湯

候湯最難未熟則沫浮過熟則茶
沈前世謂之蟹眼者過熟湯也沈
瓶中煮之不可辨故曰候湯最難

熁盞

凡欲點茶先須熁盞令熱冷則茶
不浮

點茶

茶少湯多則雲腳散湯少茶多則
粥面聚建人謂之雲腳粥面鈔茶一錢匕先注湯
調令極勻又添注之環回擊拂湯
上盞可四分則止眡其面色鮮白
著盞無水痕為絕佳建安鬬試以
水痕先者為負耐久者為勝故較

《茶录》

（宋）蔡襄 收藏于中国台北故宫博物院

蔡襄，北宋兴化仙游（今福建省）人。字君谟，是宋代著名的茶学专家。负责监制北苑贡茶，曾因创制了小团茶而闻名于世。古代中国饮茶论著《茶录》是蔡襄从陆羽的《茶经》中获得灵感而著，『不第建安之品』而特地向皇帝推荐北苑贡茶之作。全书共分为上下两篇，上篇论茶，主要论述茶汤品质和烹饮方法；下篇论器。《茶录》是继陆羽《茶经》之后最具影响力的论茶专著。

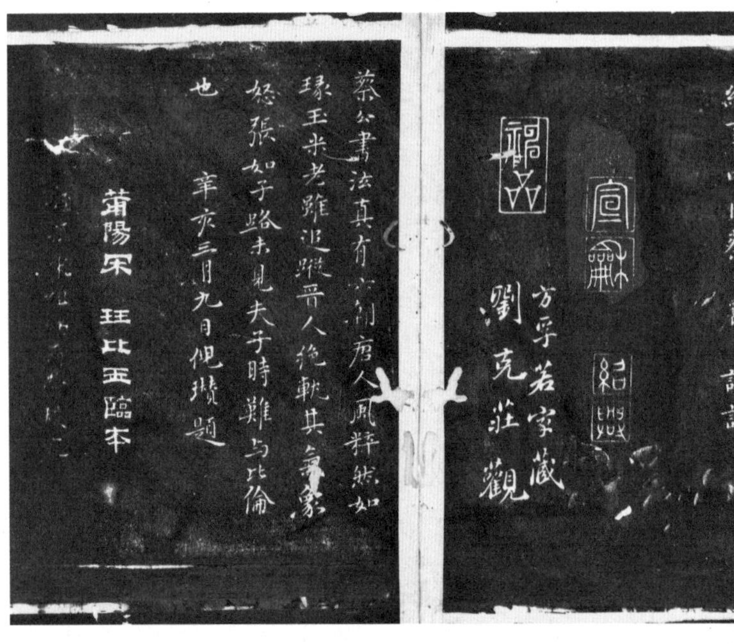
定書之于石以永其傳
治平元年五月二十六日三司使
給事中臣蔡襄謹記

方孚若家藏
劉克莊觀

蔡公書法真有六朝唐人風粹然如
琢玉米老雖追蹤晋人絕軌其氣象
怒張如子路未見夫子時難与比倫
也　辛亥三月九日倪瓚題

莆陽宋珏比玉臨本

勝負之說曰相去一水兩水
下篇論茶器
茶焙
茶焙編竹為之裹以蒻葉蓋其上
以收火也隔其中以有容也納火
其下去茶尺許所以養茶色香味
也
茶籠
茶不入焙者宜密封裹以蒻籠盛
之置高處不近濕氣
砧椎
砧椎蓋以碎茶砧以木為之椎或
金或鐵取於便用
茶鈐
茶鈐屈金鐵為之用以炙茶
茶碾
茶碾以銀或鐵為之黄金性柔銅
及鍮石皆能生鉎音星不入用
茶羅
茶羅以絕細為佳羅底用蜀東川
鵝溪畫絹之密者投湯中揉洗以
冪之

悟的人和未了悟的人，同样请他们“吃茶去”。这里的“吃茶去”已经不是单纯日常意义上的生活行为，而是借此参禅与了悟的精神意会的形式，要达到心灵自由、物我两忘的理想境界，就要用一种非理性、非逻辑的手段使人顿悟，理解其中的真意。

天宝三年（744），某月某日，金陵，晴，李白来到栖霞寺，偶然遇见了从荆州前来的宗侄僧人中孚，这等快事，怎么能不饮酒赋诗，一醉方休呢？可是宗侄中孚既已为僧，就必须遵守佛门戒律，于是取出随身所带的著名佛茶“仙人掌”，与叔父对坐于禅房，畅叙亲情，以茶代酒。正值黄昏，寺院周围绿荫浓密，西山之上薄暮冥冥，钟声缥缈，更觉意境深远。随着茶水的煮沸，一缕缕奇特的茶香萦绕于院中久久不去，沁人心脾，令人陶醉。在优美的意境中，李白与中孚举茶论禅，指点江山，好不痛快，不知不觉渐入佳境。爱茶的李白与宗侄中孚相坐对饮，不由诗兴大发，挥笔写下《答族侄僧中孚赠玉泉仙人掌茶并序》一诗：

常闻玉泉山，山洞多乳窟。
仙鼠如白鸦，倒悬清溪月。
茗生此中石，玉泉流不歇。
根柯洒芳津，采服润肌骨。
丛老卷绿叶，枝叶相接连。
曝成仙人掌，似拍洪崖肩。

举世未见之，其名定谁传。
宗英乃禅伯，投赠有佳篇。
清镜烛无盐，顾惭西子妍。
朝坐有馀兴，长吟播诸天。

李白以“诗君子”身份获得中孚相赠的“茶君子”，君子之交汇于茶盏之中，淡淡的茶香透出一股神秘的味道。

这些故事，《茶经》里只带一笔或未涉及，话头却因此书而起，也因此书而流传至今……如此说来，《茶经》不是经典，还能是什么呢？它不经典，什么才是经典？

经典又如何？如果不是商业驱动，我所担心的是当今中国人，是否还有欣赏它的心境和教养。

《吴志·韦曜传》记载：孙皓每次摆酒设宴，座中的客人都要至少喝酒七升，即使无法全部喝光，也要把酒器中的酒全部倒完。韦曜酒量不足二升，孙皓当初很照顾他，暗地里给韦曜倒茶以代酒。

接着讲，“以茶代酒”的故事，就变得意味深长了。

韦曜是孙皓的父亲南阳王孙和的老师，所以孙皓对韦曜格外照顾，让他“以茶代酒”，不至于因喝不下酒而难堪。可惜，耿直磊落的韦曜的劝谏太直白。“皓每于会，因酒酣，辄令侍臣嘲虐公卿，以为笑乐。”针对孙皓的昏庸行为，韦曜直接谏言，长期如此，“外相毁伤，内长尤恨”，孙皓大怒，不顾韦曜，投牢杀之。

时移世易，转瞬千年。茶的故事还没讲完，那就算了吧，不如“吃茶去”！

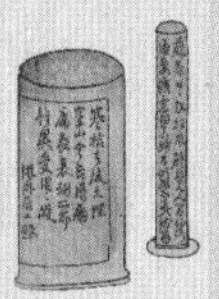

卷下·八之出

山南[①]：以峡州[②]上（峡州生远安、宜都、夷陵[③]三县山谷），襄州、荆州[④]次（襄州生南漳县[⑤]山谷，荆州生江陵县山谷），衡州[⑥]下（生衡山[⑦]、茶陵二县山谷），金州、梁州[⑧]又下（金州生西城、安康[⑨]二县山谷。梁州生褒城、金牛[⑩]二县山谷）。

【注释】

① 山南：山南道因辖终南山、太华山之南（今属秦岭、华山以南的陕西、甘肃、四川、重庆等地部分地区）而名。唐贞观十道之一。贞观元年(627)，划全国为十道，道辖郡州，郡辖县。地名涉及沿革变化，考证实无必要，因而略去。下同。

② 峡州：治所在今湖北宜昌，又称夷陵郡。

③ 远安、宜都、夷陵：今湖北宜昌远安、宜都、夷陵。

④ 襄州、荆州：今湖北襄阳、荆州。

⑤ 南漳县：因境内漳水得名，今湖北南漳县。以下遇古今同名不再加注。

⑥ 衡州：因境内衡山得名，今湖南衡阳。

⑦ 衡山：治所在今湖南衡阳衡山县东。

⑧ 金州、梁州：今陕西汉中、西康一带。

⑨ 西城、安康：皆在今陕西安康。西城，今平利县；安康，今汉阴县。

⑩ 褒城、金牛：今陕西汉中地区。

【译文】

山南道产区：以峡州产的茶是第一等好的（原注：峡州茶生长于远安、宜都、夷陵三县的山谷中），襄州、荆州产的茶品质第二（原注：襄州茶生长于南漳县的山谷中，荆州茶生长于江陵县的山谷中），衡州产的茶品质差一些（原注：生长于衡山、茶陵二县的山谷中），金州、梁州产的茶品质更差（原注：金州茶生长于西城、安康二县的山谷中，梁州茶生长于褒城、金牛二县的山谷中）。

淮南[①]：以光州[②]上（生光山县黄头港者，与峡州同），义阳郡[③]、舒州[④]次（生义阳县钟山[⑤]者，与襄州同；舒州生太湖县潜山[⑥]者，与荆州同），寿州[⑦]下（盛唐县生霍山[⑧]者，与衡山同也），蕲州[⑨]、黄州[⑩]又下（蕲州生黄梅县山谷，黄州生麻城县山谷，并与金州、梁州同也）。

【注释】

① 淮南：治所在今江苏扬州，即淮南道，唐贞观十道、开元十五道之一。

② 光州：今河南光山县、潢川一带。

③ 义阳郡：今河南信阳浮光山一带，光州属县。

④ 舒州：今安徽太湖安庆潜山一带，又名同安郡。

⑤ 义阳县钟山：今河南信阳东南钟山一带。

⑥ 太湖县潜山：今安徽潜山西北天柱山一带。

⑦ 寿州：今安徽寿县一带，又名寿春郡。

⑧ 盛唐县霍山：今安徽六安霍山一带，盛唐县。

⑨ 蕲（qí）州：今湖北蕲春一带，又名蕲春郡。

⑩ 黄州：今湖北黄冈一带。

《汉宫春晓图》（明）仇英　收藏于中国台北故宫博物院

《汉宫春晓图》采用长卷画的形式，形象地再现了汉代宫女们的日常生活场景。笔力劲竟上色雅致，描画的华美宫殿和掩映的草木奇石，给观者带来身临其境的惊艳感受。画中有两处描画了有关茶具的场景，其器型具有宋明时期特点。

【译文】

淮南道产区：以光州产的茶为第一等（原注：生长于光山县黄头港的茶，品质与峡州茶相同），义阳郡、舒州产的茶品质第二等（原注：生长于义阳县钟山的茶，品质与襄州产的茶相同。舒州产的茶，生长丁太湖县潜山的茶，品质与荆州产的茶相同），寿州产的茶品质差一些（原注：生长于盛唐县霍山的茶，品质与衡州产的茶相同），蕲州、黄州产的茶品质更差（原注：蕲州产的茶生长于黄梅县的山谷中，黄州产的茶生长于麻城县的山谷中，品质与金州产的茶、梁州产的茶相同）。

浙西[1]：以湖州[2]上（湖州生长城县[3]顾渚山[4]谷，与峡州、光州同；生山桑、儒师二坞、白茅山悬脚岭[5]，与襄州、荆州、义阳郡同；生凤亭山伏翼阁、飞云、曲水二寺[6]、啄木岭[7]，与寿州、常州同。生安吉、武康二县山谷，与金州、梁州同），常州[8]次（常州义兴县[9]生君山[10]悬脚岭北峰下，与荆州、义阳郡同；生圈岭善权寺[11]、石亭山，与舒州同），宣州、杭州、睦州、歙州[12]下（宣州生宣城县雅山[13]，与蕲州同；太平县生上睦、临睦[14]，与黄州同；杭州临安、於潜[15]二县生天目山[16]，与舒州同。钱塘生天竺、灵隐二寺[17]，睦州生桐庐县山谷，歙州生婺源山谷，与衡州同），润州[18]、苏州[19]又下（润州江宁县生傲山[20]，苏州长洲县生洞庭山[21]，与金州、蕲州、梁州同）。

【注释】

① 浙西：今江苏南京、苏州及浙江、安徽、江西四省区一部分。即浙江西道，唐方镇名。

② 湖州：今浙江吴兴一带，又名吴兴郡。

③ 长城县：今浙江长兴。

④ 顾渚山：位于今浙江长兴县西北顾渚村。唐代贞元年间开始，顾渚紫笋被列为贡茶，迄今仍为全国名茶。

⑤ 白茅山悬脚岭：位于今浙江长兴县西北顾渚山对面，以其岭脚下垂得名。

⑥ 凤亭山伏翼阁、飞云、曲水二寺：今浙江长兴县西北凤亭山，伏翼阁、飞云寺、曲水寺，都是山里的寺院。

⑦ 啄木岭：因山多啄木鸟得名，位于今浙江长兴县西北。

⑧ 常州：今江苏常州一带，又名晋陵郡。

⑨ 义兴县：今江苏宜兴，又名阳羡县。

⑩ 君山：今江苏宜兴西南铜官山，又名荆南山。

⑪ 善权寺：因上古尧时隐士善权得名，位于今江苏宜兴南。

⑫ 宣州、杭州、睦州、歙（shè）州：宣州，又名宣城郡，今安徽宣城、当涂一带。杭州，又名余杭郡，今浙江杭州、余杭一带。睦州，又名新定郡，今浙江建德、桐庐、淳安千岛湖一带。歙州，又名新安郡，今安徽歙县、祁门一带。

⑬ 雅山：位于今安徽宁国县，又名丫山、鸦山、鸭山。

⑭ 上睦、临睦：今安徽黄山太平县二乡镇。

⑮ 於潜：今浙江临安西於潜镇，西汉置。

⑯ 天目山：今横亘于浙江西、皖东南边境的天目山，又名浮玉山。

⑰ 天竺、灵隐二寺：今浙江杭州市西灵隐山下的灵隐寺；灵隐飞来峰的天竺寺，分上、中、下三寺。

⑱ 润州：今江苏镇江、丹阳一带，又名丹阳郡。

⑲ 苏州：今江苏苏州、吴县一带，又名吴郡，因姑苏山得名。

⑳ 傲山：今江苏江宁区及南京市郊野的傲山。

㉑ 洞庭山：今江苏苏州吴中区太湖中东洞庭山和西洞庭山的合称，西山也称包山，东山也称胥母山。

【译文】

浙西道产区：以湖州产的茶为第一等好的（原注：湖州产的茶生长于长城县的顾渚山谷中，品质与峡州、光州产的茶相同；如果生长于山桑、儒师二坞、白茅山悬脚岭，则品质与襄州、荆州、义阳郡产的茶相同；如果生长于凤亭山伏翼阁、飞云寺、曲水寺、啄木岭，品质则与寿州、常州产的茶相同。如果生长于安吉、武康二县的山谷中，则品质与金州、梁州产的茶相同），常州产的茶品质第二等（原注：常州义兴县生长于君山悬脚岭北峰下的茶，品质与荆州、义阳郡产的茶相同；生长于圈岭善权寺、石亭山的茶，品质与舒州产的茶相同），宣州、杭州、睦州、歙州产的茶品质差一些（原注：宣州产的茶，如果生长于宣城县雅山的茶，品质与蕲州产的茶相同；生长于太平县上睦、临睦的茶，品质与黄州产的茶相同；杭州临安、於潜二县生长于天目山的茶，品质与舒州产的茶相同。生长于钱塘县天竺寺、灵隐寺，睦州桐庐县山谷中，歙州婺源县山谷中的茶，品质与衡州产的茶相同），润州、苏州产的茶品质更差（原注：生长于润州江宁县傲山，苏州长洲县洞庭山的茶，品质与金州、蕲州、梁州产的茶相同）。

剑南[①]：以彭州[②]上(生九陇县马鞍山、至德寺、棚口[③]，与襄州同)，绵州、蜀州[④]次（绵州龙安县生松岭关[⑤]，与荆州同；其西昌、昌明、神泉县西山[⑥]者并佳；有过松岭者，不堪采。蜀州青城县生丈人山[⑦]，与绵州同。青城县有散茶、末茶），邛州[⑧]次，雅州、泸州[⑨]下（雅州百丈山、名山[⑩]，泸州泸川[⑪]者，与金州同也），眉州[⑫]、汉州[⑬]又下，（眉州丹棱县生铁山者，汉州绵竹县生竹山[⑭]者，与润州同）。

【注释】

① 剑南：唐贞观十道之一。

② 彭州：今四川成都彭州一带，又名濛阳郡。

③ 九陇县马鞍山、至德寺、棚口：九陇县，今四川彭州。马鞍山、至德寺、棚口，皆位于今四川彭州鼓城西。

④ 绵州、蜀州：绵州，今四川绵阳、安州区一带，又名巴西郡。蜀州，今四川西部灌县、崇庆一带，又名唐安郡。

⑤ 龙安州区、松岭关：龙安州区，今四川安州区。松岭关在今安州区西。

⑥ 西昌、昌明、神泉县西山：西昌，今四川安州区东南。昌明，今四川江油县一带。神泉县西山，今四川安州区南部，属岷山山脉。

⑦ 青城县、丈人山：今四川都江堰东南，因青城山得名，丈人山为青城山三十六峰之主峰。

《白莲社图》（局部）

佚名　收藏于美国纽约大都会艺术博物馆

采用兰叶白描的画法，线条飘逸中又能显露凝重，描绘了东晋高僧释慧远，在庐山东林寺和名流们白莲结社的宗教故事场景。此图为《白莲社图》喝茶场景（局部），从图中可以看出，画中人物所持茶碗与南朝流传下的茶具器型形似，虽有偏颇，因其绘制朝代，亦在常理之中。

⑧ 邛（qióng）州：今四川邛崃，又名临邛郡。

⑨ 雅州、泸州：雅州，又名卢山郡，今四川雅安。泸州，今四川泸州，又名泸川郡。

⑩ 百丈山、名山：今四川名山县的两座山，百丈山位于县城东北，名山位于县城西。

⑪ 泸川：今四川泸州。

⑫ 眉州：今四川眉山、洪雅一带，又名通义郡。

⑬ 汉州：今四川广汉、德阳一带，又名德阳郡。

⑭ 铁山、竹山：铁山，又名铁桶山，在四川丹棱县境内。竹山，即绵竹山，在四川绵竹县境内。

【译文】

剑南道产区：以彭州产的茶为第一等（原注：生长于九陇县马鞍山、至德寺、棚口的茶，品质与襄州产的茶相同），绵州、蜀州产的茶品质第二等（原注：生长于绵州龙安县松岭关的茶，品质与荆州产的茶相同；生长于西昌、昌明、神泉县西山的茶，品质都很好；松岭以西的茶，就没有采摘的价值了。生长于蜀州青城县丈人峰的茶，品质与绵州产的茶相同。青城县产有未压制成砖或饼的散茶和经过加工制作的末茶），邛州产的茶品质次之，雅州、泸州产的茶品质差一些（原注：生长于雅州百丈山、名山，泸州泸川的茶，品质与金州产的茶相同），眉州、汉州产的茶品质更差（原注：生长于眉州丹棱县铁山，汉州绵竹县竹山的茶，品质与润州产的茶相同）。

浙东[1]：以越州[2]上（余姚县生瀑布泉岭曰仙茗，大者殊异，小者与襄州同），明州[3]、婺州[4]次（明州鄮县[5]生榆荚村，婺州东阳县东白山[6]，与荆州同），台州[7]下（台州始丰县[8]生赤城[9]者，与歙州同）。

【注释】

① 浙东：唐代方镇名，即浙江东道，节度使驻地浙江绍光。今浙江衢江、浦阳流域以东地区。

② 越州：今浙江绍兴一带，又名会稽郡。

③ 明州：今浙江宁波一带，又名余姚郡。

④ 婺州：今浙江金华一带，又名东阳郡。

⑤ 鄮（mào）县：今浙江宁波东南东钱湖畔一带，宁波的古称，唐属明州。

⑥ 东白山：位于今浙江东阳巍山镇北，又名太白山。

⑦ 台州：今浙江临海、天台一带，又名临海郡。

⑧ 始丰县：今浙江天台。

⑨ 赤城：因境内赤城山得名，浙江台州的别称。

【译文】

浙东道产区：以越州产的茶为第一等（原注：生长于余姚县瀑布泉岭的茶被称为仙茗，叶片大的品质特别，叶片小的品质与襄州产的茶相同），明州、婺州产的茶品质第二等（原注：生长于明州鄮县榆荚村，婺州东阳县东白山的茶，品质与荆州产的茶相同），台州产的茶品质差一些（原注：生长于台州始丰县赤城的茶，品质与歙州产的茶相同）。

黔中[①]：生思州、播州、费州、夷州[②]。

【注释】

① 黔中：辖今贵州大部，重庆、湖北、湖南部分地区。即黔中道，唐开元十五道之一。

② 思州、播州、费州、夷州：思州，又名宁夷郡，今贵州沿河一带。播州，又名播川郡，今贵州遵义一带。费州，又名涪川郡，今贵州思南、德江一带。夷州，又名义泉郡，今贵州凤冈绥阳一带。

【译文】

黔中道产区：茶产于思州、播州、费州、夷州。

江南[1]：生鄂州、袁州、吉州[2]。

【注释】

① 江南：江南道，唐贞观十道之一，因位于长江之南得名。此处指江南西道，辖今江西、湖南、湖北、安徽、广东部分地区。

② 鄂州、袁州、吉州：鄂州，今湖北武昌、黄石一带。袁州，又名宜春郡，今江西宜春一带。吉州，今江西吉安一带。

【译文】

江南道产区：茶产于鄂州、袁州、吉州。

岭南[1]：生福州、建州、韶州、象州[2]。（福州生闽县方山[3]之阴也。）

【注释】

① 岭南：岭南道，辖今广东广州、广西大部、云南南盘江以南部分地区。唐贞观十道、开元十五道之一，因在五岭之南得名。

② 福州、建州、韶州、象州：福州，又名长乐郡，今福建福州、莆田一带。建州，又名建安郡，今福建建阳一带。韶州，又名始兴郡，今广东韶关、仁化一带。象州，又名象山郡，今广西象州东北一带。

③ 方山：因山形方正得名，今福建福州闽江南岸的五虎山。

【译文】

岭南道产区：茶产于福州、建州、韶州、象州。（原注：福州的茶主要生长于闽县方山北坡。）

其恩、播、费、夷、鄂、袁、吉、福、建、韶、象十一州未详，往往得之，其味极佳。

【译文】

关于恩州、播州、费州、夷州、鄂州、袁州、吉州、福州、建州、韶州、象州这十一州的茶，具体情况不得而知，有时能够得到一些茶叶，品质很好，味道鲜美。

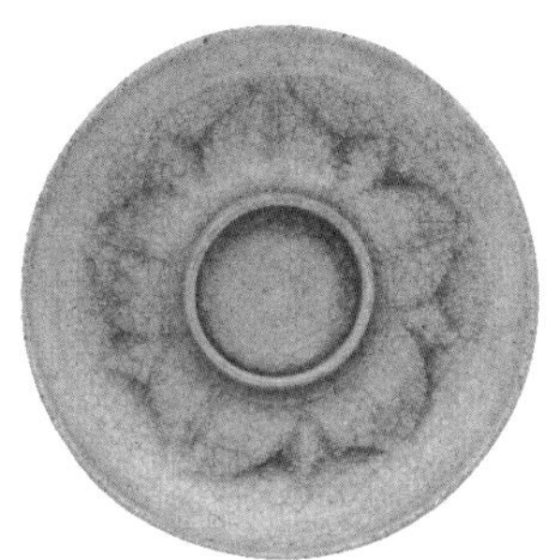

南朝洪州窑带托茶碗

杯：高5.4厘米，直径10.3厘米；
托：高3.5厘米，直径15.1厘米。

建窑曜变茶盏
5.1 厘米 × 13.3 厘米

耀州窑印花纹茶盏模
直径 14 厘米

建窑油滴黑釉茶盏
7.6厘米 x 19.7厘米

婺州窑黑釉茶盏
4.1厘米 x 11.ㄥ厘米

金代钧窑茶盏
9.8厘米 x 22.2厘米

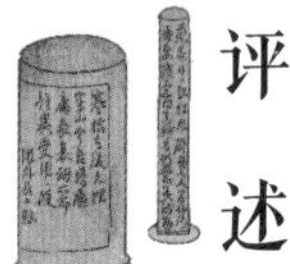

评述

本篇“之出”记载了唐代全国名茶产地和各产区的茶叶品质。陆羽在实地调查研究的基础上，记载了山南、淮南、浙西、剑南、浙东、黔中、江南、岭南八道，涉及四十三个州郡、四十四个县，遍布今日湖北、湖南、河南、陕西、浙江、安徽、江苏、重庆、四川、贵州、福建、江西、广西、广东十四个省区市的茶叶品质，除了当时尚属域外（南诏）的云南之外，与如今的茶产区大体相同。

陆羽存诗一首《句》，可窥大致——

辟疆旧林间，怪石纷相向。
绝涧方险寻，乱岩亦危造。
泻从千仞石，寄逐九江船。

从这首诗中可以看出，陆羽实地考察，过程非常艰辛。

皇甫冉也有《送陆鸿渐山人采茶回》，可为佐证。

千峰待逋客，香茗复丛生。
采摘知深处，烟霞羡独行。
幽期山寺远，野饭石泉清。
寂寂燃灯夜，相思一磬声。

皎然的酬唱之诗《寻陆鸿渐不遇》，“归时每日斜”，大抵说的不是约会女道士李冶（相传其名诗《八至》：“至近至远东西，至深至浅清溪。至高至明日月，至亲至疏夫妻。”与薛涛、鱼玄机、刘采春并称“唐代四大女诗人”，有《湖上卧病喜陆鸿渐至》：“昔去繁霜月，今来苦雾时。相逢仍卧病，欲语泪先垂。强劝陶家酒，还吟谢客诗。偶然成一醉，此外更何之。”），而是寻茶、找水、问道。

移家虽带郭，野径入桑麻；
近种篱边菊，秋来未著花。
叩门无犬吠，欲去问西家；
报道山中去，归时每日斜。

资料显示，唐代长江中下游地区成为茶叶中心。《膳夫经手录》载："今关西、山东，闾阎村落皆吃之，累日不食犹得，不得一日无茶。"中原和西北少数民族地区都嗜茶成俗，南方茶的生产随之空前蓬勃。尤其是与北方交通便利的江南道、淮南道茶区，茶业繁荣。唐代中叶，湖州紫笋和常州阳羡茶成为贡茶，茶叶生产和技术中心转移至长江中游和下游茶区，江南道的茶叶生产集一时之盛。史料记载，安徽祁门周围，千里之内，各地种茶，山无遗土，业于茶者十之七八。同时由于贡茶设置在江南，大大促进了江南制茶技术的提高，也带动了全国各茶区的生产和发展。由《茶经》和唐代其他文献记载来看，这时期茶叶产区已遍及今之四川、陕西、湖南、湖北、浙江、云南、贵州、广东、广西、福建、江西、江苏、河南、安徽十四省区，与中国近代茶区规模相当。从清晰标注有"贞观十道"和"开元十五道"的唐代疆域图看，"八大茶区"分布甚广。曾见一张《唐代茶区分布图》，与后来的江北茶区、江南茶区、西南茶区和华南茶区高度重合。

陆羽重点考察过山南、淮南、浙西、剑南、浙东五道，对这些茶区的茶叶品质作了"上、次、下、又下"四等级分类，这一点仅从记载详略方面可以判断。陆羽认为，峡州、光州、湖州、彭州、越州产的茶为上品，具体至郡县：淮南道产区生长于光山县黄头港的光州茶；山南道产区生长于远安、宜都、夷陵三县山谷中的峡州茶；浙东道产区生长于余姚县瀑布泉岭的大叶越州茶；浙西道产区生长于长城县的顾渚山谷中的湖州茶；剑南道产区生长于九陇县马鞍山、至德寺、棚口的彭州茶。

什么是好茶，各有标准。及至当代，也是如此。

卷下·九之略

其造具：若方春禁火[1]之时，于野寺山园丛手而掇，乃蒸，乃舂，乃以火干之，则棨、扑、焙、贯、棚、穿、育等七事皆废。

【注释】

① 禁火：寒食节，古时民间习俗。即在清明前一二日禁火三天，吃冷食。

【译文】

制茶工具：如果恰逢春季寒食节，在野外的寺庙或山间茶园，所有人动手采摘，就地蒸熟、舂捣，用火烘干，可以省略棨、扑、焙、贯、棚、穿、育等七种工具。

其煮器：若松间石上可坐，则具列废。用槁薪、鼎鑩之属，则风炉、灰承、炭挝、火筴、交床等废。若瞰泉临涧，则水方、涤方、漉水囊废。若五人已下，茶可末而精者，则罗废。若援藟跻岩①，引絙入洞②，于山口炙而末之，或纸包、盒贮，则碾、拂末等废。既瓢、碗、筴、札、熟盂、鹾簋悉以一筥盛之，则都篮废。但城邑之中，王公之门，二十四器阙一，则茶废矣。

【注释】

① 援藟跻（lěi jī）岩：藟，藤蔓。跻，登、升。抓住藤条，攀岩而上。

② 引絙（gēng）入洞：絙，同“緪”，粗大的绳索。拉着粗大的绳子进入山洞。

【译文】

煮茶器具：如果松林里有石头可以放置茶具，可以省略具列。如果用干柴，鼎锅之类烧水，那么风炉、灰承、炭挝、火筴、交床等都可以省略。如果在泉水边或溪流旁煮茶，可以省略水方、涤方、漉水囊。如果饮茶人数不足五人，茶叶可以碾成精细的粉末，可以省略罗合。如果靠藤条攀缘上山，拉着绳子进入山洞煮茶，可以先在山下烘烤好茶饼并碾成茶末，用纸包好或者用茶盒装好，可以省略碾、拂末等。如果瓢、碗、筴、札、熟盂、鹾簋全部装在筥里，可以省略都篮。但在城市之中，王公贵族的家里，煮茶的二十四器缺一不可。如果缺了一件，就没法饮茶了。

《茗茶待品》
（清）任伯年 收藏于中国美术馆
15.3厘米 ×19厘米。

清代乾隆款铜胎掐丝珐琅提梁壶

清代铜胎画珐琅茶壶

『法蓝』和『佛郎』是珐琅的别称，通过音译隋唐时期的古西域地名得出。以长石、石英、氟化物、硼砂为基本组成成分。因其工艺的加工方式不同，细化有透明珐琅器、画珐琅器和錾胎珐琅器、掐丝珐琅器等品种。随着珐琅工艺日渐精湛，

清代乾隆铜胎画珐琅喜相逢壶

清代乾隆珐琅彩仕女四艺图茶壶

清代雍正画珐琅黄地花卉纹乌木把壶

清代雍正珐琅彩花蝶纹茶壶

评述

“之略”篇讲在特定条件下，繁复的十多种采制工具和二十多种饮茶器具，可以精简省用。省略之，更方便。

如果恰逢春季寒食节，在郊野寺庙或山间茶园，所有人动手采摘，就地蒸熟、舂捣，用火烘干，可以省略棨、扑、焙、贯、棚、穿、育等七种工具。

如果松林里有石头可以放置茶具，可以省略具列。如果用干柴、鼎锅等煮茶，可以省略风炉、灰承、炭挝、火筴、交床等。如果在泉水边或溪流旁煮茶，可以省略水方、涤方、漉水囊。如果饮茶人数不足五人，茶叶可以碾成精细的粉末，可以省略罗合。如果靠藤条攀缘上山，拉着绳子进入山洞煮茶，可以先在山下烘烤好茶饼并碾成茶末，用纸包好或者用茶盒装好，可以省略碾、拂末等。如果瓢、碗、筴、札、熟盂、鹾簋全部装在筥里，可以省略都篮。

在水边，在山林，灵活地运用茶具，减省不必要的工具，因地制宜，顺应自然，符合茶道。“但城邑之中，王公之门，二十四器阙一，则茶废矣。”在城市，王公贵族的家里，煮茶的二十四器缺一不可。如果缺了一件，就没法饮茶了。

这是什么道理呢?

体会茶道。缺茶器不饮茶，是“茶废”，还是“茶道废”？

现存文献对茶道的最早记载，是唐代《封氏闻见记》：“茶道大行，王公朝士无不饮者。”茶道，是饮茶的美感之道。通过沏茶、闻茶、赏茶、饮茶等和美仪式，周全礼数，陶冶情操、去除杂念、洗心修德，是一种以茶为媒的生活礼仪，以茶修身的生活方式，一种沟通天地人神的生活艺术。

中国茶道兴于唐，盛于宋、明，衰于清。陆羽的茶道叫作“茶有九难”：造、别、器、火、水、炙、末、煮、饮。宋代的茶道叫“三点”：新茶、甘泉、洁器为一，天气好为一，风流儒雅、气味相投的佳客为一，与反之“三不点”。明代的茶道叫作“十三宜”：无事、佳客、独坐、咏诗、挥翰、徜徉、睡起、宿醒、清供、精舍、会心、鉴赏、文僮。明代还有一种茶道叫作“七禁忌”：不如法、恶具、主客不韵、冠裳苛礼、荤肴杂味、忙冗、壁间案头多恶趣……从唐至宋，再到明，已有“十三式”“八式”等茶艺，白鹭沐浴、乌龙入宫、悬壶高冲、关公巡城、韩信点兵……不管有多少种茶道，不管是怎样的五花八门，烧水泡茶，岂不快哉！古今互参，泡茶贵在动手，饮茶贵在动口，评茶贵在动心。“天人合一”，阴阳协调、大道至简、道法自然。毕竟，器物即道，日用即道，一切心造，简繁自便，自然就好。茶器亦如仪式，当省用则省用，当铺排还得铺排。

卷下·十之图

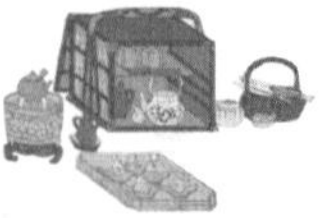

卷下·十之图[①]

以绢素或四幅或六幅，分布写之，陈诸座隅，则茶之源、之具、之造、之器、之煮、之饮、之事、之出、之略，目击而存[②]，于是《茶经》之始终备焉。

【注释】

① 十之图：《四库全书提要》说：“其曰图者，乃谓统上九类写绢素张之，非有别图。其类十，其文实九也。”第十章，挂图。指把《茶经》全文写在素绢上挂起来。

② 目击而存：通常作“目击而道存”，形容悟性极高，只是在人群中看了一眼，不用说话，便知“道”之所在。目，看见。击，接触。

【译文】

用素色绢布四幅或者六幅，抄写本书内容，张挂在座位边，茶之源、之具、之造、之器、之煮、之饮、之事、之出、之略就一目了然。如此这般，《茶经》的内容，从头至尾，全部齐备。

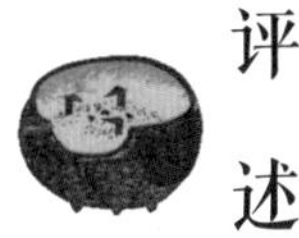

评述

“之图”是提示，是期待，更是寄望，即茶之图，为卷末，指明“目击道存”的使用方法。

《茶经》使用方法：用素色绢布四幅或者六幅，抄写本书内容，张挂在座位边，茶之源、之具、之造、之器、之煮、之饮、之事、之出、之略一目了然，“目击而存”。如此这般，《茶经》的内容，从头至尾，全部齐备。

这个素色绢布值得我们好好探究。作者一再交代务必“陈诸座隅”的《茶经》，因书写材质“绢素”之“素”，尾篇如同黄石公《素书》流布咒语，提示其郑重待之。

这个“绢素”之“素”有着很大的深意。话说当年，西晋王室衰微，天下大乱，有人盗掘汉留侯张良之墓，在头下的玉枕中发现了《素书》，全书一千三百三十六字。秘诫：“不许将此书传与不道、不神、不圣、不贤之人；如果所传非人者，必将受其殃祸；如果有合适的人而不传者，也必定要受其殃祸。”

“素”字本身指的是未经加工的本色丝织品，但在这里却是指“道之本色”，也就是天道本来的样子，揭示的是世界运转的根本规律。拥有《素书》，肯定能够成为人中之龙一统天下。就像张良一样，凭借《素书》，辅佐刘邦灭秦，成就大汉霸业。

作为世界上第一部茶书，也是中国茶学的开山之作，《茶经》自问世之日起便深远地影响着中国乃至世界。一是传抄本和刊刻本众多，至民国时期流通版本六十余种，现存最早的版本为宋代《百川学海》本，常见的有《学津讨原》本、《四库全书》本，独立刊本有汤显祖《别本茶经》本，明代柯双华竟陵本、清代仪鸿堂本，民国西塔寺常乐刻《陆子茶经》本等。二是世界各语种译本和相关研究遍布欧美日韩东南亚诸地区，深刻影响与启发了日本茶道、韩国茶礼等各个国家和地区的茶文化。三是始终引领中国茶学纵深、茶业发展，《茶经》以降，《茶谱》（五代毛文锡）、《茶录》（宋代蔡襄）、《补茶经》（宋代周绛）、《大观茶论》（宋徽宗赵佶）、《茶经》（明代张谦德）、《茶谱》（明代朱权）、《续茶经》（清代陆廷灿）等专著先后问世，也有译注与评述本推陈出新，如吴觉农、沈冬梅、宋一明、杜斌、于良子等人有述评、评注、编著。近年新书中，老师董桄福《茶之联》“茶经史话”以联证史：《诗经》在朝，《茶经》在野，朝野共杯成史话；种茶靠山，泡茶靠水，山水同心孕芳魂。老友周重林《茶之基本》以“茶的秩序”释本义，以“经纪”（茶之经线，安排的意思）之“经”解释《茶经》之“经”（我以为乃“经济”之“经”，代指学识。不争。），以器具规范茶章程，以仪式提升俗世，颇多新意。

自唐代始，无数茶界“张良”，也只凭一册《茶经》“经理”茶业，打下多少茶叶江山！